Monika Albrecht, Ilse Gretenkord

Maxi-Training
Realschule

Mathematik
5. – 8. Klasse

Klett Lerntraining

Autoren
Kapitel 1–8, 11: Monika Albrecht
Kapitel 9, 10: Monika Albrecht und Ilse Gretenkord
Kapitel 12–18: Ilse Gretenkord

Bibliografische Information der Deutschen Bibliothek
Die Deutsche Bibliothek verzeichnet diese Publikation in der Deutschen Nationalbibliografie; detaillierte bibliografische Daten sind im Internet über http://dnb.ddb.de abrufbar.

Auflage 4. 3. 2. 1. | 2014 2013 2012 2011
Die letzten Zahlen bezeichnen jeweils die Auflage und das Jahr des Druckes.
Dieses Werk folgt der neuesten Rechtschreibung und Zeichensetzung. Ausnahmen bilden Texte, bei denen künstlerische, philologische oder lizenzrechtliche oder andere Gründe einer Änderung entgegenstehen.

www.klett.de/lernhilfen
Covergestaltung: Sabine Kaufmann, Stuttgart
Coverfoto: Klett-Archiv, Stuttgart, Fotograf: Thomas Weccard, Ludwigsburg
Satz: DTP-studio Andrea Eckhardt, Göppingen
Druck: Medienhaus Plump, Rheinbreitbach
Printed in Germany
ISBN 978-3-12-927220-6

9 783129 272206

5./6. Klasse

1 Rechnen mit natürlichen Zahlen

7./8. Klasse

Liebe Schülerin, lieber Schüler,

du bist in der Realschule und willst deine Note in Mathe verbessern?
Dann hast du das richtige Buch in der Hand! Dieser Übungsband unterstützt dich dabei, fit in Mathe zu werden.
Alle wichtigen Themen der Klassen 5 – 8 werden hier geübt.
So kannst du kurzfristig einzelne Themengebiete für die nächste **Klassenarbeit** oder Vergleichsarbeit einüben.
Wenn du schon soweit bist, kannst du aber auch langfristig das **notwendige Basiswissen** für die **Realschulabschlussprüfung** wiederholen.

So übst du mit diesem Buch:

1. Im Inhaltsverzeichnis siehst du, dass das Buch nach den Klassen 5/6 und 7/8 eingeteilt ist. Du suchst dir also zuerst die passende Klassenstufe heraus.

2. Innerhalb der Klassenangabe kannst du gezielt nach einem bestimmten Thema suchen.

3. Die Aufgaben sind in drei verschiedene Schwierigkeitsstufen eingeteilt. Die Birnchen zeigen dir, ob eine Aufgabe leicht, mittelschwierig oder schwierig ist.
   So kannst du dich selbst besser einschätzen und dich auch bewusst an schwierigere Aufgaben herantrauen.

4. Tipps und helfen dir bei besonders kniffeligen Aufgaben auf die Sprünge.

5. Im hinteren Teil des Buches findest du die Lösungen zu allen Aufgaben. So kannst du selbst überprüfen, ob du alles richtig gemacht hast.

Wir wünschen dir viel Erfolg!
Deine Klett Lerntraining-Redaktion

5./6. Klasse

1 Begriffe

Fülle die Lücken im Text mit den angegebenen Begriffen.

Differenz – Minuend – Subtrahend – Summanden – Summe – Summe

Bei einer Addition gibt es mindestens zwei ______________________. Diese darf man beliebig vertauschen, ohne dass sich das Ergebnis, die ________________, ändert. Auch einen Rechenausdruck (Term) wie 5 + 7 nennt man ________________.

Bei dem Ausdruck 78 – 58 verhält es sich anders: Die erste Zahl (hier die 78) heißt ________________, die zweite (hier 58) nennt man ________________.

Diese beiden dürfen keinesfalls vertauscht werden! Sowohl der Ausdruck 78 – 58 als auch das Ergebnis (nämlich 20) heißen ______________________.

2 Addieren mit Tricks

Berechne im Kopf, indem du – wenn nötig – die Summanden zuerst so vertauschst, dass eine Zehner- oder Hunderterzahl herauskommt.

a)	b)	c)	d)
5 + 2 + 5	84 + 37 + 6	49 + 1113 + 51	793 + 63 + 207
17 + 41 + 3	54 + 599 + 146	377 + 388 + 123	1844 + 99 + 56
2 + 99 + 1	387 + 67 + 33	3 + 4 + 51 + 23	999 + 999 + 1 + 1

3 Subtrahieren mit Tricks

Hast du Spaß an glatten Ergebnissen und kniffligen Kopfrechenübungen? Dann ist das die richtige Aufgabe für dich!
Tipp: Berechne im Kopf, indem du – wenn nötig – zuerst die Subtrahenden addierst und dann die Summe der Subtrahenden vom Minuenden abziehst.

a)	b)	c)	d)
25 – 7 – 8	284 – 78 – 106	49 – 19 – 20	1000 – 99 – 891
97 – 13 – 24	544 – 29 – 115	3777 – 307 – 470	299 – 9 – 199
102 – 17 – 2	1017 – 114 – 3	798 – 4 – 51 – 143	909 – 189 – 1 – 19

4 Umkehraufgaben

Das Addieren einer Zahl kann durch das Subtrahieren der gleichen Zahl rückgängig gemacht werden. Notiere hinter den Rechnungen jeweils die passende Umkehraufgabe wie im Beispiel und trage die gesuchte Zahl ein:

Beispiel: ☐ – 14 = 21. Umkehraufgabe: 21 + 14 = 35. Gesuchte Zahl: 35.

a) ☐ – 35 = 12. ______

b) ☐ + 12 = 40. ______

c) ☐ – 3678 = 3680. ______

d) ☐ + 205 = 375. ______

5 Zahlen ergänzen

Ergänze die fehlenden Zahlen.

a) 94 − 34 = ______ b) 6 + ______ = 99 c) ______ − 43 = 17 d) 432 + ____ = 440

e) 25 − ____ = 8 f) 204 − 74 = ______ g) ______ − 19 = 98 h) ______ + 65 = 84

Platz für Nebenrechnungen:

6 Schriftliches Addieren

Berechne die Summen.

a)
```
  8082
+ 1086
------
```

b)
```
  10945
+  9085
-------
```

c)
```
    6182
+ 108697
--------
```

7 Schriftliches Subtrahieren

Berechne die Differenzen.

a)
```
  7412
- 1086
------
```

b)
```
  8075
- 7985
------
```

c)
```
  60082
-  8199
-------
```

8 Rechnen mit Überschlag

Welche Aufgabe gehört zu welcher Lösung? Notiere zuerst eine Überschlagsrechnung hinter die Aufgabe, verbinde und rechne dann schriftlich nach.

Aufgaben
a) 98 985 − 6512 ≈
b) 47 982 + 39 761 ≈
c) 119 763 − 99 871 ≈
d) 282 + 19 793 ≈

Lösungen
1) 87 743
2) 20 075
3) 92 473
4) 19 892

9 Rechnen mit Überschlag

Runde die Preise so, dass du leicht eine Überschlagsrechnung erstellen kannst.

a) 0,89 € + 6,95 € + 2,99 € ______

b) 5,89 € + 4,49 € + 19,99 € ______

c) 58,59 € + 69,95 € + 21,45 € ______

10 Rechnen mit Überschlag

Ida kauft ein. Sie hat Cornflakes für 2,99 €, Käse für 3,61 € und Wurst für 4,39 € im Einkaufswagen. Der Kassierer sagt zu ihr: „Das macht 12,99 €."

Mache eine sinnvolle Überschlagsrechnung. Gib auch den exakten Preis an, den Ida bezahlen muss. Beurteile die Forderung des Kassierers. Warum ist es vorteilhaft, schon vor dem Bezahlen zu wissen, wie viel alles insgesamt ungefähr kostet?

______

______

11 Rechengesetze bei der Addition

a) Gib den Term (Rechenausdruck) in Wortform an und berechne die Summe:

(33 + 99) + (14 + 46)

Berechnung:

b) Beurteile, ob die beiden folgenden Aussagen stimmen und begründe.

Lena behauptet: „Der Term **(14 + 46) + (33 + 99)** ist gleichwertig zu dem Term in Teilaufgabe a), es kommt das gleiche heraus!" –
„Hm", meint Leo, „ich denke, man könnte hier sogar schreiben **14 + 46 + 33 + 99**, ohne dass sich der Wert verändert – oder?"

12 Rechnen mit Klammern

Welcher Term drückt den folgenden Satz aus? Kreuze an und begründe.

„Subtrahiere die Differenz der Zahlen 54 und 36 von der Zahl 94."

☐ a) 94 – 54 – 36 ☐ b) 94 – (54 – 36)

13 Rechnen mit Klammern

Berechne jeweils den Wert der Terme. Beachte: innere Klammern* zuerst.

a) $1000 + (100 - (30 + 4)) - (99 + 111) - (17 + 49)$

b) $431 - (28 + 172) + (59 - (9 + 21)) - (8 + 9 + 10 + 11 + 12)$

c) $18 - ((9 - (6 - 4) - (7 - 3) - (9 - 8))$

* In manchen Schulbüchern werden äußere Klammern auch eckig dargestellt.

14 Einen Term aufstellen

Das Kino in Filmerstadt hat 479 Plätze. Da es gerade renoviert wird, können 165 Sitze derzeit nicht genutzt werden. Für eine Vorstellung des Filmes „Die Welle" haben sich sieben Schulklassen angemeldet und vorab insgesamt 212 Karten bestellt. An der Kasse wurden bis zu einer halben Stunde vor Beginn zusätzlich 46 Karten verkauft.

Es gibt mehrere richtige Terme zur Berechnung der Zahl der Plätze, die noch an spontane Besucher verkauft werden können. Findest du zwei? Berechne die Zahl der freien Plätze.

15 Regeln beim Multiplizieren

Wie du sicherlich schon weißt, gibt es verschiedene Möglichkeiten, ein Produkt zu berechnen. Wenn du dabei ein paar Regeln beachtest, kannst du oft vorteilhaft rechnen.

Notiere die Rechengesetze, die hier angewendet werden.

a) Es gilt: $5 \cdot 13 \cdot 20 = 5 \cdot 20 \cdot 13$. Dies ist das ____________________-Gesetz der Multiplikation.

Es lautet: ____

b) Es gilt auch: $(7 \cdot 2) \cdot 5 = 7 \cdot (2 \cdot 5)$. Dies ist das ____________________ -Gesetz der Multiplikation. Es lautet: ____

16 Verschiedene Schreibweisen

Ergänze die Tabelle.

Potenzschreibweise	Produktschreibweise	Ergebnis
	$1 \cdot 1 \cdot 1 \cdot 1 \cdot 1 \cdot 1 \cdot 1 \cdot 1$	
2^5		
4^3		
		81
	7	

17 Potenzen vergleichen

Berechne die Potenzen und ordne sie der Größe nach an. Beginne mit dem kleinsten Wert.

3^4 $\quad 2^{10}$ $\quad 1023^1$ $\quad 2^2$ $\quad 12^2$ $\quad 1^{20}$ $\quad 5^3$ $\quad 4^3$ $\quad 10^2$

18 Multiplikation mit 0

Vervollständige die Rechnungen. Begründe deine Überlegungen.

$0 \cdot 4 =$ ______ $487329 \cdot 0 =$ ______ ______ $\cdot 743 = 0$

______

______

______

19 Division mit 0

Findest du eine Zahl, die in diese Lücke passt? Begründe deine Antwort. Was folgt daraus für die Umkehraufgabe?

______ $\cdot 0 = 5$ Umkehraufgabe: $5 : 0 =$ ______

______

______

______

20 Punkt vor Strich!

Berechne die Ergebnisse. Beachte: Punktrechnung immer vor Strichrechnung.

a) $5 + 9 \cdot 0 =$ ______

b) $23 \cdot 298 \cdot 0 =$ ______

c) $0 : 3 + 2 =$ ______

d) $94 : 0 - 7 =$ ______

e) $40 - 5 \cdot 2 =$ ______

f) $10 + 18 : 9 =$ ______

21 Dividieren im Kopf

Ergänze die Lücken.

a) $15 \cdot$ ______ $= 180$ $7 \cdot$ ______ $= 2800$ ______ $\cdot 5 = 95$

b) $144:$ ______ $= 12$ ______ $:23 = 100$ ______ $:13 = 5$

c) $540:270 =$ ______ $3200:$ ______ $= 80$ ______ $:16 = 40$

Bei den Rechnungen von Teilaufgabe a) steht kein Geteilt-Zeichen. Warum haben sie trotzdem etwas mit Division zu tun?

____

____

22 Schriftliche Multiplikation

Multipliziere schriftlich. Mache zuerst eine Überschlagsrechnung als Ergebniskontrolle.

a) 5 6 · 8 1   b) 3 8 9 · 1 3 7   c) 1 2 9 3 0 · 6 8

23 Schriftliche Division

**Dividiere schriftlich. Mache zuerst eine Überschlagsrechnung als Ergebniskontrolle.
Achtung: Bei einer Aufgabe bleibt ein Rest.**

a) 2 8 4 8 : 1 6 =   b) 5 2 7 3 : 2 3 =

24 Schriftliche Division mit Probe

Dividiere schriftlich und mache dann die Probe. Bei einer Aufgabe bleibt ein Rest.

a) 6 9 3 9 : 1 7 =

b) 8 0 6 0 0 : 1 3 0 0 =

25 Nötige und unnötige Klammern

Klammern, die nichts am Wert des Terms ändern, kann man auch weglassen.
Schreibe die Terme ohne die überflüssigen Klammern und gib das Ergebnis an.

Tipp: Wenn du dir nicht sicher bist, probiere es aus, indem du den Wert des Terms einmal MIT und einmal OHNE die fragliche Klammer berechnest.

a) $(3 \cdot 4) + 88 - (4+1)$ ______

b) $(124 - (23+(3 \cdot 17)):(6-4))$ ______

c) $64:(4 \cdot 2) + (1+1)$ ______

d) $((4 \cdot 15 \cdot 2) - (5 \cdot 16) + (2 \cdot 2 \cdot 5)):10$ ______

26 Terme aufstellen

Marita bekommt pro Monat 20 € Taschengeld, ihr jüngerer Bruder Jonas bekommt monatlich 16 €.
Marita will ausrechnen, wie viel Geld sie und ihr Bruder gemeinsam im Jahr von ihren Eltern erhalten. Sie rechnet:
„20 € und 16 € gibt 36 €. Also macht das im Jahr 36 € · 12 = 432 €. Stimmt's?"
Jonas: „Also, ich komme auf das gleiche Ergebnis. Aber ich habe anders gerechnet ..."

a) Wie könnte Jonas gerechnet haben?

b) Notiere jeweils einen Term für die beiden Rechenwege.

27 Gleichwertige Terme

Wenn zwei Terme das gleiche Ergebnis haben, nennt man sie gleichwertig.
Man darf sie dann mit einem Gleichheitszeichen verbinden, z. B. $(32+8):2 = 16+4$, Ergebnis: 20.

Finde mithilfe des Distributivgesetzes jeweils einen gleichwertigen Term und gib das Ergebnis an.

a) $(120+80):10 =$ ______________________

b) $(17-7)\cdot 13 =$ ______________________

c) $5\cdot(300+10+5) =$ ______________________

d) $(4800-240):48 =$ ______________________

Hast du mit dem linken oder mit dem rechten Term das Ergebnis berechnet?

28 Das Distributivgesetz anwenden

Die Rechengesetze zu kennen, kann ein echter Vorteil sein. Es ist z. B. viel einfacher, den Term $(27-7)\cdot 7$ zu berechen als den gleichwertigen Term $27\cdot 7-7\cdot 7$, oder?

Wusstest du, dass du das Distributivgesetz schon in der Grundschule beim Kopfrechnen benutzt hast? Wenn du z. B. die Aufgabe $21\cdot 3$ berechnest, zerlegst du die 21 sicher in $20+1$. Du rechnest also $21\cdot 3 = (20+1)\cdot 3 = 20\cdot 3+1\cdot 3 = 60+3 = 63$.

Schreibe wie im Beispiel, indem du eine Zahl vorteilhaft zerlegst, und berechne.
(Vorsicht: Beim Dividieren darf man nur den Dividenden zerlegen.)

a) $9\cdot 29 =$ ______________________

b) $84:7 =$ ______________________

c) $157\cdot 4 =$ ______________________

d) $512:32 =$ ______________________

29 Fein raus mit Gauß

Carl Friedrich Gauß (1777–1855) war ein sehr berühmter deutscher Mathematiker, Astronom und Physiker. Er war erst 6 Jahre alt, als er sich einen Trick ausdachte, wie man ganz schnell die Zahlen von 1 bis 100 addieren kann: Man addiert immer zwei Zahlen so, dass man stets die gleiche Summe erhält: 1+100; 2+99; 3+98 usw.

a) Welche Regelmäßigkeit kannst du bei den drei Summen erkennen?

____

b) Oben wurden nur die ersten drei Summen aufgeschrieben. Wie heißt die letzte Summe, die man berechnen muss, wenn man wie Gauß rechnen möchte?

____

c) Wie oft kann man auf diese Weise die gleiche Summe (nämlich 101) erhalten? Wie groß ist die Summe aller Zahlen von 1 bis 100?

____

d) Das klappt natürlich auch mit anderen Summen. Berechne wie Gauß die Summe aller Zahlen von 1 bis 10 und als weitere Aufgabe die Summe von 1 bis 1000.

____

30 Profitraining

Warum einfach, wenn es auch kompliziert geht? Diese Terme sehen zwar auf den ersten Blick sehr „unfreundlich" aus, es kommen aber verblüffende Ergebnisse raus!

Berechne die Ergebnisse. Nimm dafür zunächst ein Blatt Papier und schreibe deinen Rechenweg auf. Wenn du die Aufgaben z. B. mit einem Rechenbaum gelöst hast, kannst du versuchen, solche Rechenausdrücke im Kopf zu berechnen. Achte beim Rechnen auf Rechenvorteile, dann sparst du dir viel Arbeit.

a) $(8+4)\cdot 32:(8\cdot 4)-108:9=$ ______________________

b) $(116-(10+45:5))+(3\cdot 17+51):34=$ ______________________

c) $52-23-225:(3\cdot 5)-(1+2+3+4+5+6+7+8+9+10+11+12):6=$ ______________

31 Wandertag I

Die 32 Kinder der Klasse 5 b haben für einen Wandertag **304 €** gespart. Geplant ist, mit der Bahn in die 30 km entfernte Stadt zu fahren und dort ins Kino zu gehen. Sowohl für das Kino als auch für die Bahnfahrt gibt es günstige Gruppenkarten: Der Kino-Eintritt pro Kind kostet **3,20 €**, und für eine Tageskarte bei der Bahn bezahlt jedes Kind **4,80 €**. Die Überschlagsspezialistin der Klasse, Karina, sagt nach kurzem Nachdenken: „Toll, es bleibt sogar noch etwas von dem Geld übrig!"

a) Wie viel Geld bleibt übrig? Notiere einen passenden Term. Rechne schriftlich.

b) Stelle einen zweiten Term auf, mit der man die Teilaufgabe a) ebenfalls lösen könnte. Welches Gesetz kann dir helfen, diesen zweiten Term zu finden?

32 Wandertag II

Lehrer Jansen sagt: „Da ja erfreulicherweise noch Geld übrig bleibt, darf sich jedes Kind vom Restgeld noch ein Eis im Kino kaufen, wenn es nicht zu teuer ist. Aber alle bekommen dann das gleiche Eis, sonst gibt es nur wieder Streit."

Wie viel darf ein Eis höchstens kosten, damit keiner leer ausgeht? Rechne schriftlich.

1 Gerecht aufgeteilt?

Karla, Vanessa, Julian und Mirco sollen in Mathe zusammenarbeiten. Ihr Lehrer Herr Jung gibt ihnen eine Menge Übungsaufgaben, denn bald soll eine Arbeit geschrieben werden. „Oje, sind das viele Aufgaben!“ seufzt Vanessa. Herr Jung beruhigt sie: „Du musst nicht alle Aufgaben lösen, sondern jedes Gruppenmitglied bearbeitet einen Teil und anschließend stellst du dann deiner Gruppe die Aufgaben vor, die du gerechnet hast. Dann ist z. B. Julian dran usw.“ „Gut,“ überlegt Mirco, „wir teilen die Aufgaben so auf, dass jeder gleich viele hat, ok?“

a) Karla antwortet: „Ja, das ist gerecht, so machen wir es. Jeder bekommt also 4 Aufgaben.“ Wie viele Aufgaben hat Herr Jung der Gruppe insgesamt gegeben?

____

b) Fülle die Tabelle aus. Was haben die Zahlen in der unteren Zeile gemeinsam?

Aufgaben pro Schüler/Schülerin	1	2	3	4	5	6	7
Aufgaben insgesamt							

____

c) In einer Dreiergruppe sagt Uli: „Bei uns ist es gar nicht möglich, die Aufgaben so aufzuteilen, dass jeder gleich viel bearbeiten muss.“ Was weißt du über die Gesamtanzahl der Aufgaben von Ulis Gruppe?

____

2 Teilbarkeit

Stimmen die folgenden Aussagen? Berichtige, wenn nötig.

a) 84 ist durch 6 teilbar. ______________

b) 9 ist ein Teiler von 27. ______________

c) 144 ist ein Teiler von 12. ______________

d) 15 teilt die Zahl 5. ______________

3 Teilersuche

Finde alle Teiler der folgenden Zahlen:

a) 24: ______________________

b) 19: ______________________

c) 36: ______________________

d) 48: ______________________

e) 99: ______________________

Welches ist die kleinste Zahl kleiner 100, die 12 Teiler besitzt?

____

Was ist bei 19 anders als bei den anderen Zahlen? Wie heißen solche Zahlen?

____

____

4 Teilersuche

Schau dir genau die Teiler an, die du bei Aufgabe 3 gefunden hast. Was stellst du fest? (Es gibt hier mehrere Möglichkeiten für Entdeckungen.)

____

____

____

____

____

____

____

5 Primzahlen

Kreise alle Primzahlen ein. (Vereinbarung: Die Zahl 1 ist keine Primzahl.)

	76		23		9		51
91		2		17		21	
	27		45				1
97		59		57		62	
	11		87		81		75

6 Entdeckungen an Primzahlen

**a) Nimm ein Blatt kariertes Papier und zeichne ein Rechteck, in dem 12 Kästchen „eingeschlossen" sind. (Man sagt auch, es hat den Flächeninhalt 12 Kästchen.)
Zeichne weitere Rechtecke mit dem gleichen Flächeninhalt.
Wie viele unterschiedliche Lösungen findest du, wenn nur ganze Kästchen zugelassen sind?**

____

____

b) Zeichne möglichst viele Rechtecke mit dem Flächeninhalt 19 Kästchen, mit 24 Kästchen und mit 48 Kästchen. Vergleiche mit Aufgabe 3 auf S. 25. Was stellst du fest?

____

____

____

c) Zu welchen Zahlen aus Aufgabe 5 könntest du mehr als eine Variante finden?

____

7 Primfaktorzerlegung

Wenn man eine Zahl als Produkt mit möglichst kleinen Faktoren schreibt, hat man die Zahl in ihre Primfaktoren zerlegt. Meistens ordnet man die Faktoren der Größe nach.
Beispiel: **$12 = 2 \cdot 6 = 2 \cdot 2 \cdot 3$.**

Zerlege die folgenden Zahlen wie im Beispiel in ihre Primfaktoren:

a) 42 = ______________________

b) 90 = ______________________

c) 31 = ______________________

d) 120 = ______________________

e) 64 = ______________________

8 Endziffernregel

Ergänze den Text mit den beiden Elementen. (Ein Element kommt zweimal vor!)

die letzte Ziffer der Zahl – ihre letzten beiden Ziffern

a) Eine Zahl ist durch 2 teilbar, wenn ______________________

______________________ durch 2 teilbar ist/sind.

b) Eine Zahl ist durch 4 teilbar, wenn ______________________

______________________ durch 4 teilbar ist/sind.

c) Eine Zahl ist durch 5 teilbar, wenn ______________________

______________________ durch 5 teilbar ist/sind.

9 Quersummenregel

a) Bilde die Quersumme, indem du jeweils alle Ziffern der Zahl addierst:

Quersumme von 18: ____________ Quersumme von 99: ____________

Quersumme von 467: ____________ Quersumme von 2839: ____________

b) Formuliere die Quersummenregeln für 3 und 9.

Eine Zahl ist durch 3 teilbar, wenn... ______________________

____

____

Eine Zahl ist durch 9 teilbar, wenn... ______________________

____

____

c) Gib jeweils eine dreistellige Zahl an, für die eine der Regeln aus b) gilt.

____

10 Teilersuche bei großen Zahlen

Finde alle Teiler der Zahlen in der linken Spalte mithilfe der Teilbarkeitsregeln. Mache ein Kreuz für „ja“ und einen Strich für „nein“.

Zahl	Teilbar durch 2	Teilbar durch 3	Teilbar durch 4	Teilbar durch 5	Teilbar durch 9	Teilbar durch 10
3455						
38 399 952						
10 000 000						
3 039 219						
729 984						
1 293 025						
12 385 111						
777777						

11 ggT und kgV

Vielleicht kennst du bereits die Begriffe ggT (größter gemeinsamer Teiler) und kgV (kleinstes gemeinsames Vielfaches). Aber auch wenn nicht, kannst du diese Aufgaben durch Ausprobieren angehen – nur Mut.

a) Finde die kleinste Zahl, die durch 4 und durch 3 teilbar ist. ____________________

b) Finde die kleinste Zahl, die durch 5, durch 9 und durch 4 teilbar ist. ____________________

c) Finde die größte Zahl, die Teiler von 100 und von 36 ist. ____________________

d) Finde die größte Zahl, die die Zahlen 144, 48 und 1200 teilt. ____________________

1 Bruchteile

Annike Vielmampf hat Geburtstag, und auf dem Tisch steht eine große Erdbeertorte. Ihre Familie steht um sie herum, hält ihr die leeren Teller hin und äußert ihre Wünsche:

Papa Bernd: „Ich hätte gerne **die Hälfte** des Kuchens!" Bruder Marius: „Für mich bitte nur **ein Viertel**, ich habe bereits drei Brötchen gegessen!" Mama Luzia: „Mir würde ausnahmsweise **ein Viertel** ebenfalls genügen! Und du bekommst dann den ganzen Rest, du hast ja auch schließlich Geburtstag!"

Wie viel von dem Kuchen bekommt Annike ab? Wie kommst du darauf?

2 Anteile berechnen

Berechne und gib die Ergebnisse an. Nicht immer kommen ganze Zahlen heraus.

a) Die Hälfte von 42: ________ Ein Viertel von 100: ________

b) Ein Viertel von 32: ________ Ein Achtel von 100: ________

c) Ein Sechzehntel von 16: ________ Ein Dreizehntel von 26: ________

d) Ein Hundertstel von 1000: ________ Ein Tausendstel von 100: ________

e) Ein Viertel von 90: ________ Ein Drittel von 189: ________

3 Anteile darstellen I

Nimm dir ein Blatt kariertes Papier und zeichne darauf ein Quadrat mit der Seitenlänge von acht Kästchen. Wenn du alle Kästchen zählst, die in dem Quadrat liegen, müsstest du auf 64 Kästchen kommen. Richtig?

a) Male vier Kästchen lila an, acht Kästchen blau und weitere vier gelb. Welcher Anteil des gesamten Quadrats ist lila, welcher blau und welcher gelb?

b) Wie groß ist der Anteil der angemalten Kästchen insgesamt? Wie groß ist der Anteil der nicht angemalten Kästchen?

c) Ändern sich die Antworten bei a) und b), wenn du zwar gleich viele, aber andere Kästchen anmalst?

4 Gleiche Anteile – verschiedene Angaben

Finde jeweils aus der linken und der rechten Spalte zwei Angaben, die den gleichen Anteil bezeichnen und verbinde sie:

a) Vier Hundertstel	1) Ein Drittel
b) Sechs Siebzehntel	2) Ein Fünfundzwanzigstel
c) Fünfzig Zweihundertstel	3) Ein Zehntel
d) Sieben Siebzigstel	4) Vier Fünftel
e) Acht Zehntel	5) Zwölf Vierunddreißigstel
f) Zwanzig Sechzigstel	6) Ein Viertel

5 Gleiche Anteile, verschiedene Angaben

Wie groß ist der Anteil der gefärbten Kreisteile? Schreibe jeweils zwei Möglichkeiten auf.

a) 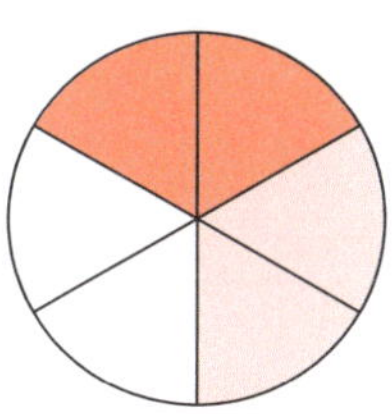	
b) 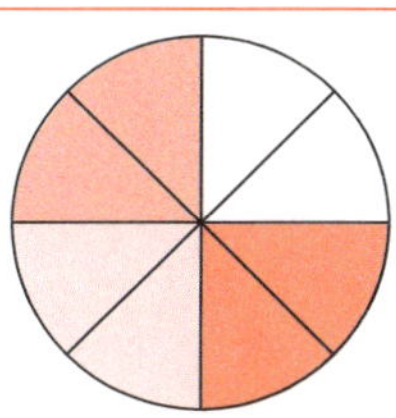	
c) 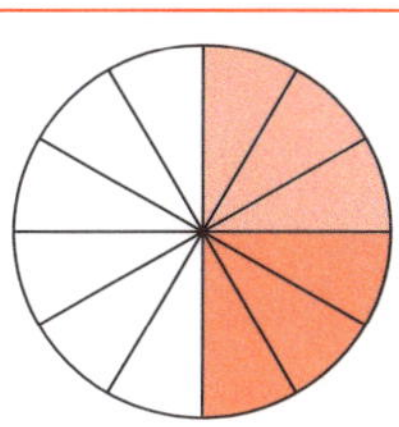	

6 Vergleichen von einfachen Brüchen

Stelle dir die Brüche als Anteile vor und setze jeweils < oder > oder = ein:

a)	$\frac{1}{4}$	$\frac{3}{4}$	$\frac{1}{5}$	$\frac{3}{5}$	$\frac{4}{4}$	$\frac{3}{3}$
b)	$\frac{2}{4}$	$\frac{2}{8}$	$\frac{1}{8}$	$\frac{1}{4}$	$\frac{1}{16}$	$\frac{2}{8}$
c)	$\frac{3}{9}$	$\frac{1}{3}$	$\frac{1}{2}$	$\frac{2}{4}$	$\frac{1}{10}$	$\frac{2}{10}$
d)	$\frac{2}{100}$	$\frac{1}{100}$	$\frac{2}{100}$	$\frac{2}{10}$	$\frac{1}{4}$	$\frac{1}{3}$
e)	$\frac{3}{12}$	$\frac{4}{12}$	$\frac{2}{12}$	$\frac{1}{6}$	$\frac{1}{12}$	$\frac{1}{6}$

7 Textinfos in Form von Brüchen darstellen

Till und Jakob haben für die Schülerzeitung eine Befragung durchgeführt. Sie befragt insgesamt 160 Schülerinnen und Schüler. Jetzt wollen Till und Jakob die Ergebnisse in den Artikel einbauen. Sie wollen einige Informationen als Brüche darstellen.

Information	Passender Bruch
a) Von den 160 befragten Schülerinnen und Schülern sind 72 weiblich.	a)
b) 112 Schüler und Schülerinnen kommen mit ihren Mitschülern gut klar.	b)
c) 144 freuen sich schon sehr auf die Ferien.	c)
d) 8 sind schon zweimal umgezogen.	d)
e) 40 gaben als Lieblingstier „Hund“ an.	e)
f) 80 fahren gerne Fahrrad oder Inliner.	f)
g) 31 haben einen sehr langen Schulweg.	g)

8 Bruchzahlen anordnen

Ordne die Bruchzahlen aus Aufgabe 7 der Größe nach an. Beginne mit dem kleinsten Wert.

9 Brüche mit kleinem Nenner

Man kann Brüche so schreiben, dass jeder einen möglichst kleinen Nenner hat.
Statt $\frac{72}{160}$ aus Aufgabe 7 könnte man auch $\frac{36}{80}$ schreiben.

Findet man für jeden Bruch aus Aufgabe 7 eine solche Vereinfachung? Probiere es aus. Bei welcher Aufgabe findet man den kleinsten Nenner?

a) ______ b) ______

c) ______ d) ______

e) ______ f) ______

10 Nenner verschieden, Zähler gleich

Ordne die Bruchzahlen der Größe nach an. Beginne mit dem kleinsten Wert.

$\frac{3}{8}$ $\frac{3}{11}$ $\frac{3}{110}$ $\frac{3}{7}$ $\frac{3}{1}$ $\frac{3}{4}$ $\frac{3}{3}$

11 Erweitern

Wir haben schon gesehen, dass man Brüche auch umformen kann, ohne dass sich der Anteil ändert. Z. B. können wir **Nenner und Zähler** eines Bruches jeweils **mit derselben Zahl multiplizieren**. Das nennt man **erweitern**.
Beispiel: Erweitere den Bruch $\frac{1}{2}$ mit 3: $\frac{1}{2} = \frac{1 \cdot 3}{2 \cdot 3} = \frac{3}{6}$

Erweitere wie im Beispiel:

a) $\frac{3}{5}$ mit 5: ____________________

b) $\frac{7}{9}$ mit 3: ____________________

c) $\frac{4}{5}$ mit 2: ____________________

d) $\frac{1}{10}$ mit 10: ____________________

12 Erweitern

Wurde hier richtig erweitert? Mit welcher Zahl? Berichtige, falls nötig.

a) $\frac{5}{6} = \frac{35}{42}$ ____________________

b) $\frac{1}{4} = \frac{24}{100}$ ____________________

c) $\frac{4}{7} = \frac{12}{14}$ ____________________

d) $\frac{13}{15} = \frac{65}{75}$ ____________________

13 Kürzen

Eine andere Möglichkeit, Brüche umzuformen, ohne dass sich der Wert des Bruches ändert, ist das **Kürzen**: Man **dividiert Nenner und Zähler** eines Bruches jeweils **durch dieselbe Zahl** und sucht dafür zunächst **gemeinsame Teiler** von Zähler und Nenner.
Beispiel: Kürze den Bruch $\frac{12}{66}$ mit 6: $\frac{12:6}{66:6} = \frac{2}{11}$

Kürze wie im Beispiel mit der angegebenen Zahl:

a) $\frac{25}{55}$ mit 5: ______

b) $\frac{38}{42}$ mit 2: ______

c) $\frac{45}{54}$ mit 9: ______

14 Vollständiges Kürzen

Viele Brüche lassen sich mehrfach kürzen, bis Zähler und Nenner teilerfremd sind.
Beispiel: Kürze den Bruch $\frac{24}{30}$ vollständig: $\frac{24}{30} = \frac{24:2}{30:2} = \frac{12}{15} = \frac{12:3}{15:3} = \frac{4}{5}$

Kürze wie im Beispiel vollständig. Du kannst auch „in einem“ kürzen:

a) $\frac{36}{54}$ = ______

b) $\frac{72}{144}$ = ______

c) $\frac{55}{95}$ = ______

d) $\frac{40}{64}$ = ______

15 ggT: Größter gemeinsamer Teiler

Beim **Kürzen** hilft dir die Untersuchung der **Teilermengen** von Zähler und Nenner weiter. Der **größte gemeinsame Teiler** heißt **ggT**. Wenn du vollständig kürzen willst, ermittle zuerst den ggT und kürze dann mit dieser Zahl – fertig!

Fülle die Lücken bei a) und bearbeite Teilaufgabe b) genauso.

a) Ermittle den ggT der Zahlen 12 und 18: $T_{12} = \{1; 2;$ ____________________ $12\}$,

$T_{18} = \{$ ____________________ $\}$, **größter** gemeinsamer Teiler: ____________

Wenn man $\frac{12}{18}$ direkt mit dem ggT kürzt, erhält man: ____________________

b) Ermittle den ggT der Zahlen 27 und 153:

____

____

16 kgV: Kleinstes gemeinsames Vielfaches

Oft will man einen Bruch so erweitern, dass er den gleichen Nenner hat wie ein anderer Bruch, wie du bei den folgenden Aufgaben noch sehen wirst. Dafür ist es nützlich, das **k**leinste **g**emeinsame **V**ielfache (**kgV**) zu ermitteln.

Fülle die Lücken bei a) und bearbeite dann Teilaufgabe b) genauso.

a) Ermittle das kgV der Zahlen 4 und 10: $V_4 = \{4; 8;$ ____________________ $\ldots\}$

$V_{10} = \{$ ____________________ $\ldots\}$, **kleinstes** gemeinsames Vielfaches: ____________

b) Ermittle das kgV der Zahlen 12 und 8: ____________________

____

____

____

17 Brüche gleichnamig machen

Möchte man Brüche vergleichen, macht es oft Sinn, zuerst die Brüche so zu erweitern (oder zu kürzen), dass beide Nenner gleich sind, das heißt, man macht sie gleichnamig. Dann kann man einfach am kleineren Zähler den kleineren Bruch erkennen.

Schreibe wie im Beispiel erst einen der beiden Brüche so, dass er den gleichen Nenner besitzt wie der andere:

Aufgabe			Umformen eines Bruches	Größenvergleich
Bsp.:	$\frac{1}{3}$	$\frac{7}{12}$	$\frac{1}{3} = \frac{1 \cdot 4}{3 \cdot 4} = \frac{4}{12}$	also $\frac{4}{12} < \frac{7}{12}$; $\frac{1}{3} < \frac{7}{12}$
a)	$\frac{3}{4}$	$\frac{6}{8}$		
b)	$\frac{5}{6}$	$\frac{17}{18}$		
c)	$\frac{2}{9}$	$\frac{1}{3}$		
d)	$\frac{7}{15}$	$\frac{2}{5}$		

18 Einfache Bruchzahlen ordnen

Bringe zuerst alle Bruchzahlen auf den gleichen Nenner. Ordne der Größe nach.

$\frac{3}{32}$ $\frac{16}{32}$ $\frac{2}{8}$ $\frac{4}{16}$ $\frac{2}{2}$ $\frac{1}{32}$ $\frac{3}{4}$ $\frac{7}{8}$

19 Was ist ein unechter Bruch?

Unechte Brüche sind Brüche, bei denen der Zähler größer ist als der Nenner, z. B. $\frac{15}{12}$.
Das kann man sich so vorstellen: Von zwei Torten mit jeweils 12 Stücken ist noch eine ganze Torte übrig und zusätzlich noch drei weitere Stücke der anderen Torte.
Gesamt $\frac{12}{12} + \frac{3}{12} = \frac{15}{12}$ oder $1 + \frac{3}{12}$ bzw. als gemischte Zahl geschrieben: $1\frac{3}{12}$.

Stelle dieses Beispiel an einem Kreisdiagramm dar.

20 Darstellung unechter Brüche

Schreibe als Bruch und als gemischte Zahl:

a)

b)

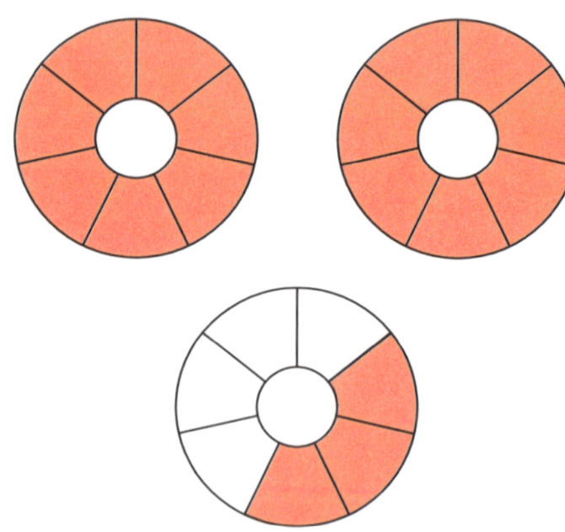

21 Vom Bruch zur gemischten Zahl

Wandle die Brüche in gemischte Zahlen um und erkläre kurz, wie du vorgehst:

a) $\frac{17}{5}$

b) $\frac{41}{4}$

c) $\frac{15}{3}$

d) $\frac{147}{12}$

e) $\frac{56}{11}$

f) $\frac{78}{10}$

22 Von der gemischten Zahl zum Bruch

Wandle die gemischten Zahlen in Bruchzahlen um und erkläre dein Vorgehen:

a) $1\frac{1}{2}$

b) $4\frac{2}{3}$

c) $10\frac{2}{5}$

d) $3\frac{7}{9}$

e) $5\frac{2}{13}$

f) $9\frac{4}{11}$

23 Gleichnamige Brüche: Strichrechnung

Ergänze:

Gleichnamig bedeutet, dass mehrere Brüche ______________________________

Zwei gleichnamige Brüche addiert man, indem man ihre ______________________

addiert und den ______________________________ beibehält. Gleichnamige

Brüche werden subtrahiert, indem man ______________________________ .

Beispiel für Addition gleichnamiger Brüche: ______________________________

Beispiel für Subtraktion gleichnamiger Brüche: ______________________________

24 Addition von gleichnamigen Brüchen

Berechne und gib die Ergebnisse an.

a) $\frac{1}{6} + \frac{4}{6} =$ ____________________

b) $\frac{3}{17} + \frac{10}{17} =$ ____________________

c) $\frac{6}{57} + \frac{11}{57} =$ ____________________

d) $\frac{16}{101} + \frac{37}{101} =$ ____________________

e) $\frac{189}{1000} + \frac{38}{1000} =$ ____________________

25 Subtrahieren von gleichnamigen Brüchen

Berechne und gib die Ergebnisse an:

a) $\frac{17}{27} - \frac{10}{27} =$ ____________________

b) $\frac{25}{47} - \frac{16}{47} =$ ____________________

c) $\frac{41}{11} - \frac{13}{11} =$ ____________________

d) $\frac{105}{17} - \frac{68}{17} =$ ____________________

e) $\frac{73}{100} - \frac{72}{100} =$ ____________________

26 Brüche gleichnamig machen

Haben zwei Brüche verschiedene Nenner, muss man sie vor der Addition oder Subtraktion zuerst gleichnamig machen.

Berechne:

a) $\frac{3}{8} - \frac{1}{4} =$ ______________________

b) $\frac{4}{7} + \frac{1}{14} =$ ______________________

c) $\frac{15}{12} - \frac{5}{6} =$ ______________________

27 Brüche gleichnamig machen

Mache die Brüche gleichnamig und berechne dann die Ergebnisse.

a) $\frac{3}{2} + \frac{5}{11} =$ ______________________

b) $\frac{23}{8} - \frac{3}{4} =$ ______________________

c) $\frac{6}{7} + \frac{31}{28} =$ ______________________

d) $\frac{25}{14} - \frac{4}{3} =$ ______________________

e) $\frac{1}{5} + \frac{5}{16} =$ ______________________

Welche zwei Lösungen haben ungefähr den Wert $\frac{1}{2}$? Wie groß sind die anderen Ergebnisse etwa? ______________________

28 Finde den Fehler!

Diese Berechnungen sind beide falsch. Berichtige. Wo lag jeweils der Fehler?

a) $\frac{4}{5} - \frac{1}{3} = \frac{3}{2}$ Richtig wäre: ______________________

b) $\frac{4}{3} + \frac{3}{7} = \frac{28}{21} + \frac{3}{21} = \frac{31}{21}$ Richtig wäre: ______________________

29 Gemischte Zahlen

Wandle die gemischten Zahlen erst in Brüche um. Berechne dann die Lösungen und schreibe wenn möglich die Ergebnisse wieder als gemischte Zahl.

a) $2\frac{3}{5} - 1\frac{4}{5} =$ ______

b) $14\frac{2}{3} - 6\frac{1}{3} =$ ______

c) $5\frac{3}{4} - 2\frac{1}{2} =$ ______

d) $1\frac{3}{8} + 4\frac{1}{4} =$ ______

30 Gemischte Zahlen

Berechne, indem du die ganzen Zahlen getrennt von den Brüchen addierst bzw. subtrahierst. Wenn bei dem Bruch der Zähler größer ist als der Nenner, musst du den Bruch als gemischte Zahl schreiben und mit den ganzen Zahlen verrechnen.

a) $5\frac{1}{2} + 2\frac{1}{3} =$ ______

b) $1\frac{5}{8} - 2\frac{4}{5} =$ ______

c) $3\frac{2}{5} - 1\frac{6}{11} =$ ______

31 Gleichwertige Rechenausdrücke

Kreise alle gleichwertigen Rechenausdrücke mit der gleichen Farbe ein.

a) $1\frac{1}{2} + 2\frac{5}{7}$	e) $10\frac{1}{2} - 4\frac{1}{8}$	i) $3\frac{3}{4}$
b) $3\frac{1}{8} - 1\frac{3}{4}$	f) $\frac{45}{14}$	j) $5 - 1\frac{11}{14}$
c) $\frac{51}{8}$	g) $6\frac{3}{8}$	k) $\frac{44}{32}$
d) $\frac{90}{28}$	h) $1\frac{3}{8}$	l) $3\frac{1}{28} + \frac{10}{56}$

32 Früchtepunsch

Bei Ingos Geburtstag ist es sehr heiß und es gibt gekühlten Früchtepunsch für alle Gäste. Das Rezept hat Ingo aus dem Internet heruntergeladen. Schon beim Zubereiten kommt er ins Schwitzen: „So viele gemischte Zahlen … Ob es wohl für alle reicht?“

Berechne die Menge des Früchtepunsches insgesamt. Was meinst du, reicht die Menge für die eingeladenen elf Gäste?

„Mische $1\frac{1}{2}$ l Apfelsaft und $1\frac{1}{4}$ l Orangensaft mit $\frac{3}{4}$ l Maracujasaft. Dazu gibt man noch $\frac{1}{8}$ l Johannisbeernektar und $\frac{1}{4}$ l Bananensaft. Das Ganze füllt man mit $2\frac{1}{4}$ l Mineralwasser auf. Nach Belieben mit Eiswürfeln kühlen.“

____

____

33 Rechengesetze bei Brüchen

Die bekannten Rechengesetze gelten auch für Brüche. Durch Vertauschen kann man sich Rechenvorteile verschaffen (Vertauschungs- bzw. Kommutativgesetz).

Vertausche geschickt und berechne dann die Ergebnisse. Kürze vollständig.

a) $\frac{1}{2} + \frac{243}{5} + \frac{3}{2} - \frac{243}{5} =$ ______________________________

b) $\frac{9}{8} - \frac{3}{4} - \frac{5}{3} + 4\frac{3}{4} + 1 + \frac{2}{3} - \frac{1}{8} =$ ______________________________

c) $\frac{7}{16} - \frac{11}{121} + \frac{3}{8} - \frac{10}{11} + \frac{3}{16} =$ ______________________________

34 Brüche vervielfachen

Lisa macht mit ihren Eltern eine Wanderung. „Wir nehmen pro Person einen Liter Wasser mit; es ist ganz wichtig, genug zu trinken", sagt ihre Mutter. Lisa schaut auf das Etikett der Wasserflaschen: In jede Flasche passt ein Dreiviertel Liter hinein.

a) Reichen drei von den Flaschen für die Familie aus? Begründe in Worten.

____

____

b) Wie viele Flaschen sollte die Familie mitnehmen, um tatsächlich für jede Person einen Liter dabei zu haben? Notiere eine Gleichung.

____

____

35 Brüche vervielfachen

a) Füge die Begriffe Nenner und Zähler richtig in die beiden Lücken ein:

Einen Bruch zu vervielfachen bedeutet, ihn mit einer natürlichen Zahl zu multiplizieren.

Dabei muss man den ____________ des Bruchs mit der natürlichen Zahl multiplizieren. Der ____________ des Bruchs bleibt zunächst unverändert.

Manchmal kann das Ergebnis am Schluss noch gekürzt werden.

b) Notiere die passende Aufgabe zu den folgenden Aussagen und berechne:

Verdopple $\frac{2}{3}$ ______________________________

Vervierfache $\frac{1}{2}$ ______________________________

Verzehnfache $\frac{3}{10}$ ______________________________

36 Brüche vervielfachen

Berechne. Kürze die Ergebnisse so weit wie möglich.

a) $2 \cdot \frac{4}{5} =$ ______

b) $\frac{6}{7} \cdot 14 =$ ______

c) $4 \cdot \frac{11}{8} =$ ______

37 Vervielfachen auf die schlaue Art I

Manchmal lohnt es sich, den Nenner des Bruchs mit der natürlichen Zahl, mit der vervielfacht wird, zu vergleichen. Sind die beiden Zahlen gleich, hat man es besonders leicht! Aber auch, wenn der Nenner oder die natürliche Zahl ein Vielfaches oder ein Teiler der jeweils anderen Zahl ist, kann man sich Arbeit sparen.

Berechne und kürze vollständig.

a) $\frac{3}{5} \cdot 5 =$ ______

b) $\frac{112\,345}{3} \cdot 3 =$ ______

c) $8 \cdot \frac{17}{4} =$ ______

d) $6 \cdot \frac{244}{12} =$ ______

e) $24 \cdot \frac{156\,400}{2400} =$ ______

38 Erst kürzen, dann vervielfachen!

Berechne möglichst geschickt. Schreibe das Endergebnis als gemischten Bruch.

a) $\frac{7}{12} \cdot 144 =$ ______

b) $\frac{24}{121} \cdot 11 =$ ______

c) $7 \cdot \frac{102}{35} =$ ______

d) $49 \cdot \frac{112}{98} =$ ______

39 Einen Bruch durch eine natürliche Zahl teilen

a) Füge die Begriffe Nenner und Zähler richtig in die beiden Lücken ein:

Wie kann man einen Bruch durch eine natürliche Zahl teilen?

Man muss den ____________________ des Bruchs mit der natürlichen Zahl multiplizieren.

Der ________________________ des Bruchs bleibt zunächst unverändert. Manchmal

kann jedoch am Schluss noch weiter gekürzt werden.

b) Notiere die passende Aufgabe zu den folgenden Aussagen und berechne:

Halbiere $\frac{3}{5}$. ____________________ Teile $\frac{1}{2}$ durch 4. ____________________

Berechne den achten Teil von $\frac{7}{10}$. ____

40 Übungen zum Teilen von Brüchen

Berechne. Kürze die Ergebnisse so weit wie möglich.

a) $\frac{7}{15} : 2 =$ ____________________ b) $\frac{4}{11} : 6 =$ ____________________

c) $\frac{54}{3} : 9 =$ ____________________ d) $\frac{100}{7} : 5 =$ ____________________

41 Abendsonne beim Federball

Julia und Olli spielen Federball auf der Straße. Sie spielen immer eine Viertelstunde lang, dann wechseln sie die Seiten. Als die Sonne aber ganz tief steht, meint Olli: „Es ist gerechter, wenn wir öfter die Seiten wechseln, dann wird man nicht so lange am Stück geblendet. Wir können die Viertelstunde noch mal in fünf gleich lange Spieleinheiten aufteilen." „Oder in drei Einheiten!" ruft Julia, „dann muss man nicht ganz so oft auf die Uhr schauen!"

Berechne, nach wie vielen Minuten Olli und Julia jeweils gerne die Seiten tauschen würden. Schreibe jeweils deinen Rechenweg auf.

42 Teilen auf die schlaue Art

Manchmal lohnt es sich, den Zähler des Bruchs mit der natürlichen Zahl, durch die geteilt wird, zu vergleichen. Sind die beiden Zahlen gleich, hat man es besonders leicht! Aber auch, wenn eine Zahl ein Vielfaches der anderen ist bzw. ein Teiler, kann man sich ähnlich wie beim Vervielfachen Arbeit sparen.

Berechne und kürze vollständig.

a) $\frac{3}{7}:3 =$ __________

b) $\frac{6}{345}:6 =$ __________

c) $\frac{34}{9}:17 =$ __________

d) $\frac{36}{7}:9 =$ __________

43 Erst kürzen, dann teilen!

Berechne möglichst geschickt. Schreibe das Endergebnis als gemischten Bruch.

a) $\frac{196}{11}:14 =$ __________

b) $\frac{1800}{7}:180 =$ __________

c) $\frac{345}{8}:15 =$ __________

d) $\frac{117}{12}:9 =$ __________

44 Vorsicht Verwechslungsgefahr!

a) Ist das Vervielfachen eines Bruchs mit einer natürlichen Zahl das gleiche wie erweitern? Begründe deine Antwort.

____

b) Ist das Teilen eines Bruchs durch eine natürliche Zahl das gleiche wie kürzen? Begründe deine Antwort.

____

45 Vervielfachen, erweitern, teilen, kürzen

Fülle die Tabelle aus.

	Bruch	Vervielfache mit 3	Erweitere mit 3	Teile durch 3	Kürze mit 3
a)	$\frac{12}{27}$				
b)	$\frac{9}{30}$				
c)	$\frac{15}{81}$				

46 Verschiedene Rechenoperatoren

Wurde hier vervielfacht, erweitert, geteilt oder gekürzt? Mit welcher natürlichen Zahl?

a) $\frac{5}{33} \rightarrow \frac{15}{99}$ ____________________

b) $\frac{24}{14} \rightarrow \frac{24}{42}$ ____________________

c) $\frac{100}{175} \rightarrow \frac{4}{7}$ ____________________

d) $\frac{18}{11} \rightarrow \frac{18}{121}$ ____________________

e) $\frac{3}{5} \rightarrow \frac{66}{5}$ ____________________

47 Bleibt der Anteil gleich?

Achte beim Lösen auf die Schreibweise. Wo bleibt der Anteil gleich groß?

a) Kürze mit 4: $\frac{4}{28}$ ____________________

b) Teile durch 6: $\frac{13}{11}$ ____________________

c) Erweitere mit 5: $\frac{7}{10}$ ____________________

d) Vervielfache mit 7: $\frac{7}{3}$ ____________________

48 Auf der Suche nach dem Rechenzeichen

a) Bestimme die Ergebnisse. Schreibe die Ergebnisse wieder als Brüche.

$\frac{1}{3}$ von 1 ist ____________________ $\frac{1}{3}$ von 2 ist ____________________

$\frac{1}{2}$ von 3 ist ____________________ $\frac{1}{2}$ von 4 ist ____________________

$\frac{1}{8}$ von 4 ist ____________________ $\frac{1}{8}$ von 7 ist ____________________

b) Anstelle des Wörtchens „von" kann man in Teilaufgabe a) ein Rechenzeichen (plus, minus, mal, geteilt) einfügen. Welches?

z. B. $\frac{1}{8}$ ______ $7 = \frac{7}{8}$ Gesuchtes Rechenzeichen: __________

49 Anteile von Anteilen

Bauer Konstantin Kornblume hat sein Ackerland zu $\frac{1}{2}$ mit Getreide bepflanzt.
Davon ist $\frac{3}{5}$ Gerste. Statt $\frac{3}{5}$ von $\frac{1}{2}$ können wir die Aufgabe so notieren:

a) Schreibe die Aufgabe mit Rechenzeichen auf.

____

b) Wie viele Felder sind mit Gerste bepflanzt? Male sie aus.

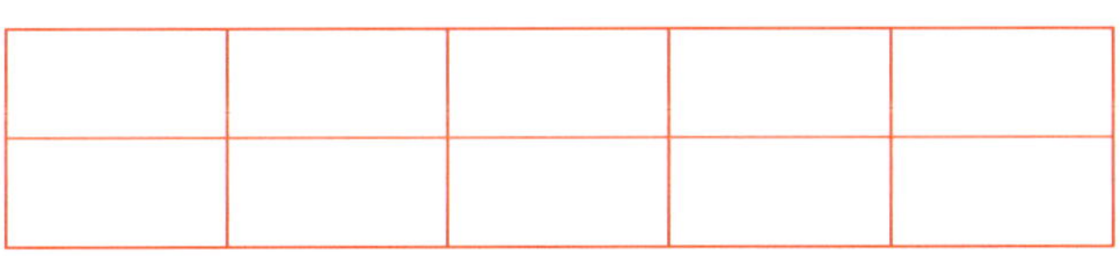

c) Welcher Anteil des Landes von Bauer Kornblume ist mit Gerste bepflanzt?

____

50 Regel für das Multiplizieren von Brüchen

Wir wissen: $\frac{3}{5} \cdot \frac{1}{2} = \frac{3}{10}$. **Ergänze die Regel für die Multiplikation von Brüchen:**

Brüche werden miteinander multipliziert, indem man ihre Nenner ____________________

____ und ihre Zähler ____________________

____.

Beispiel: $\frac{6}{5} \cdot \frac{2}{7} =$ ________________

Übrigens: Manchmal kann man die beiden Brüche bereits **vor dem Multiplizieren kürzen** und erspart sich damit eventuell langwierige Rechnungen.

Beispiel: $\frac{2466}{23} \cdot \frac{23}{1233} = \frac{2466 \cdot 23}{23 \cdot 1233} = \frac{2466 \cdot 23}{1233 \cdot 23} =$ ________________

51 Multiplizieren von Brüchen

Berechne und kürze vollständig. Kann man bereits vor dem Rechnen kürzen?

a) $\frac{1}{2} \cdot \frac{7}{11} =$ ____

b) $\frac{8}{15} \cdot \frac{5}{2} =$ ____

c) $\frac{7}{1007} \cdot \frac{2014}{28} =$ ____

d) $\frac{2}{9} \cdot \frac{81}{5} =$ ____

52 Eistee

Jenny feiert im Juli Geburtstag. Sie hat 2 l Eistee in einem Krug vorbereitet und will nun das kühle Getränk gleichmäßig in Gläser füllen. Jedes der Gläser fasst $\frac{1}{5}$ l.
Jenny meint: „Tja, wenn in jedes Glas 1 l passen würde, könnte ich leicht die Anzahl der benötigten Gläser berechnen …"

a) Wie würde Jenny das berechnen? Notiere Rechnung und Schlusssatz.

b) Das Verfahren aus a) kann auch bei Gläsern mit dem Fassungsvermögen $\frac{1}{5}$ l angewendet werden. Wie sieht dann der Rechenterm aus?

c) Wie viele ihrer Gläser kann Jenny insgesamt füllen?

d) Also gilt: $2\,l : \frac{1}{5}\,l = 10$. Was ist das Ergebnis von $3\,l : \frac{1}{5}\,l$?

53 Mineralwasser

Jenny bietet ihren Gästen auch Mineralwasser an. Die Wassergläser fassen $\frac{1}{4}$ l.

Wie viele Wassergläser kann Jenny mit einer $\frac{3}{4}$ l-Flasche füllen?
Notiere Rechnung und Schlusssatz.

54 Regel für das Dividieren von Brüchen

Sind die untereinander stehenden Terme gleichwertig? Berechne.

a) $\frac{3}{4} : \frac{1}{4}$	b) $\frac{7}{8} : \frac{1}{8}$	c) $\frac{3}{7} : \frac{1}{7}$
$\frac{3}{4} \cdot \frac{4}{1}$	$\frac{7}{8} \cdot \frac{8}{1}$	$\frac{3}{7} \cdot \frac{7}{1}$

Formuliere eine Regel für das Dividieren von Brüchen:

Man kann Brüche dividieren, indem man den ersten Bruch unverändert lässt und

____

____

55 Dividieren von Brüchen

Berechne, indem du mit dem Kehrbruch multiplizierst. Kürze vollständig.

a) $\frac{1}{2} : \frac{1}{4} =$ ____________________

b) $\frac{5}{6} : \frac{3}{4} =$ ____________________

c) $\frac{8}{764} : \frac{5}{764} =$ ____________________

d) $\frac{5}{6} : \frac{6}{5} =$ ____________________

56 Fehlersuche

Hier ist beim Dividieren ein Fehler passiert. Finde ihn und löse die Aufgabe.

$\frac{7}{2} : \frac{3}{2} = \frac{7}{2} \cdot \frac{3}{2} = \frac{21}{4}$ Fehler: ____________________

Richtige Lösung: ____________________

57 Dividieren ohne Kehrbruch

Ist es immer nötig, mit dem Kehrwert des Divisor-Bruchs zu multiplizieren oder gibt es noch andere Möglichkeiten, Brüche zu dividieren?

a) Berechne mit der „Kehrbruch-Methode“ die Ergebnisse.

$\frac{4}{5} : \frac{4}{5} =$ ____________________ $\frac{10}{9} : \frac{5}{3} =$ ____________________

$\frac{18}{33} : \frac{6}{11} =$ ____________________ $\frac{1}{8} : \frac{1}{4} =$ ____________________

$\frac{1}{8} : \frac{3}{4} =$ ____________________ $\frac{3}{7} : \frac{5}{2} =$ ____________________

58 Division mit Lücken

Gesucht ist entweder der Dividend, der Divisor oder der Quotient.

a) $\frac{1}{2} : \square = \frac{5}{8}$ b) $\square : \frac{5}{2} = \frac{14}{15}$ c) $\frac{4}{9} : \frac{2}{3} = \square$

59 Potenzen

Sind die folgenden Terme gleichwertig? Berechne und vergleiche.

$\frac{2}{8} \cdot \frac{2}{8} \cdot \frac{2}{8}$ und $\frac{1}{4} \cdot \frac{1}{4} \cdot \frac{1}{4}$

Du weißt bereits: $3^2 = 3 \cdot 3 = 9$. Berechne ebenso und kürze so früh wie möglich.

a) $\left(\frac{3}{2}\right)^2 =$ ____________ b) $\left(\frac{1}{2}\right)^5 =$ ____________

c) $\left(\frac{2}{3}\right)^3 =$ ____________ d) $\left(\frac{4}{1}\right)^3 =$ ____________

e) $\left(\frac{7}{21}\right)^4 =$ ____________ f) $\left(\frac{5}{25}\right)^2 =$ ____________

60 Gemischte Zahlen

Berechne und kürze vollständig. Denke daran: Gemischte Zahlen kann man als reine Brüche schreiben.

a) $\frac{4}{6} : 2\frac{1}{2} =$ ____________ b) $1\frac{3}{4} : \frac{15}{8} =$ ____________

c) $3\frac{1}{3} : 4\frac{1}{3} =$ ____________ d) $11\frac{1}{5} : \frac{7}{10} =$ ____________

61 Fehlersuche

Bei den Lösungen ist jeweils ein Fehler passiert. Beschreibe ihn und berichtige.

a) $\frac{4}{5} \cdot \frac{6}{7} = \frac{10}{12}$ Berichtigung: ____________________

b) $2\frac{2}{3} \cdot \frac{3}{2} = 2$ Berichtigung: ____________________

c) $\frac{4}{5} : \frac{5}{4} = 1$ Berichtigung: ____________________

62 Punkt vor Strich bei Bruchrechnung

Du ahnst es sicher schon: Für das Bruchrechnen gelten die gleichen Vorfahrtsregeln wie bei den natürlichen Zahlen, z. B. Punkt (mal, geteilt) vor Strich (plus, minus).

Berechne die Ergebnisse. Achte darauf: Punktrechnung vor Strichrechnung.

a) $\frac{1}{2} \cdot \frac{6}{5} - \frac{1}{5} =$ ____________________

b) $\frac{5}{3} - \frac{2}{5} : \frac{8}{10} + \frac{5}{6} =$ ____________________

c) $\frac{13}{2} \cdot \frac{30}{52} - \frac{14}{5} : \frac{28}{5} =$ ____________________

63 Klammern bei Bruchrechnung

Die Klammernregel gilt wie bei natürlichen Zahlen auch für Brüche.

Berechne. Kürze, wenn möglich. Die Klammer immer zuerst berücksichtigen.

a) $\left(\frac{4}{7} + \frac{1}{7}\right) \cdot \left(\frac{5}{2} - \frac{1}{2}\right) =$ ____________________

b) $\frac{9}{5} : \left(\frac{3}{10} + \frac{66}{20}\right) =$ ____________________

c) $\left(\frac{5}{3} - \frac{2}{6}\right) : \frac{5}{9} =$ ____________________

64 Doppelbrüche

Du hast gelernt, einen Bruch durch einen anderen zu teilen; außerdem weißt du, dass der Bruchstrich immer für eine Division steht. Deshalb sind die Schreibweisen

$\frac{5}{6} : \frac{10}{9}$ und $\frac{\frac{5}{6}}{\frac{10}{9}}$ gleich. (Das zweite ist ein so genannter Doppelbruch.)

Da die zweite Variante ungewohnt aussieht – schreibe Doppelbrüche einfach um!

Schreibe in der gewohnten Divisionsschreibweise und berechne.

a) $\frac{\frac{1}{3}}{\frac{7}{18}} =$ ______________________________

b) $\frac{\frac{5}{8}}{\frac{25}{16}} =$ ______________________________

65 Noch mehr Doppelbrüche

Der Bruchstrich hat die gleiche Funktion wie eine Klammer. Also: Vorfahrt!

Berechne:

a) $\frac{\frac{3}{16}}{\frac{9}{4} + \frac{3}{8}} =$ ______________________________

b) $\frac{\frac{3}{7} - \frac{11}{42}}{\frac{7}{9} - \frac{33}{54}} =$ ______________________________

66 Zimmergröße

Kathi ist mit ihren Eltern umgezogen. Ihr neues Zimmer ist rechteckig, und die beiden Seitenlängen sind $3\frac{1}{2}$ m bzw. $3\frac{1}{3}$ m lang. Den Flächeninhalt eines Rechtecks erhält man, indem man die Länge mit der Breite multipliziert. Das Ergebnis hat hier die Einheit Quadratmeter (m^2).

Berechne den Flächeninhalt von Kathis neuem Zimmer in m^2.

1 Dezimalzahlen

Eine Dezimalzahl (anderes Wort: Dezimalbruch) ist nichts anderes als ein anders geschriebener Bruch. Z. B. kann man statt dem Bruch $\frac{1}{2}$ auch die **Dezimalzahl** 0,5 verwenden, beide Darstellungen bedeuten „ein halb“.

Welche Dezimalzahl (rechts neben der Tabelle) gehört zu welchem Bruch?

a) $\frac{1}{4} =$	d) $\frac{3}{4} =$
b) $\frac{3}{2} =$	e) $\frac{143}{143} =$
c) $\frac{1}{10} =$	f) $\frac{2}{10} =$

0,2 1

0,75 0,25

1,5 0,1

2 Von der Dezimalzahl zum Bruch I

Ergänze.

Welcher Bruch „verbirgt“ sich hinter der Dezimalzahl 0,375?

Nun, 0,375 können wir aufteilen in 0,3 + 0,07 + ______________. Diese Zahlen kann man als Brüche schreiben: $0{,}3 = \frac{3}{10}$, ebenso ist 0,07 = ______________ und schließlich ist 0,005 = ______________. Wenn wir diese Brüche alle addieren, erhalten wir ______________

Das kann man auch direkt an der Dezimalzahl ablesen, wie wir anhand der Stellenwerttafel sehen werden. Damit können wir nun Dezimalzahlen in Brüche umwandeln.

3 Von der Dezimalzahl zum Bruch II

Wandle 0,875 in einen Bruch um. Gehe dabei so vor wie in Aufgabe 1.

____

____

____

4 Dezimalzahlen in der Stellenwerttafel

Wie bei den natürlichen und ganzen Zahlen kann man auch Dezimalzahlen in eine Tabelle eintragen. Die Bruchdarstellung ergibt sich dann aus den Stellenwerten.

Schreibe die angegebenen Zahlen in der Tabelle als Brüche und kürze.

	Zehner	Einer		Zehntel	Hundertstel	Tausendstel
a)		1	,	7	5	
b)		0	,	4	7	5
c)	1	0	,	5		
d)		0	,	2	5	

a) ______________ b) ______________

c) ______________ d) ______________

5 Bruchdarstellungen

Julian ist 1,35 m groß, seine Schwester Lara ist erst 1,25 m groß.

Welche Bruchdarstellungen passen zu Julian, welche zu Lara, welche gar nicht?

a) $\frac{125}{100}$ m ______________ b) $\frac{25}{20}$ m ______________

c) $\frac{135}{10}$ m ______________ d) $\frac{27}{20}$ m ______________

e) $\frac{1350}{1000}$ m ______________ f) $\frac{5}{4}$ m ______________

g) $\frac{135}{100}$ m ______________ h) $\frac{125}{1000}$ m ______________

6 Einfache Brüche als Dezimalzahl ausgeben

Es ist beim Rechnen vorteilhaft, manche „einfachen" Brüche als Dezimalzahl angeben zu können. Bei solchen wie z. B. $\frac{1}{4}$ oder $\frac{1}{8}$ etc. solltest du die Dezimaldarstellung auswendig können, denn dann erhältst du auch schnell die Dezimaldarstellungen von $\frac{3}{4}$ oder $\frac{5}{8}$ etc. Der Rechenweg sieht z. B. so aus: $\frac{3}{4} = 3 \cdot \frac{1}{4} = 3 \cdot 0{,}25 = 0{,}75$.

Schreibe die entsprechenden Dezimalzahlen hinter die angegebenen Brüche.

a) $\frac{1}{4}$ = ____________ $\frac{5}{4}$ = ____________ $\frac{9}{4}$ = ____________

b) $\frac{1}{8}$ = ____________ $\frac{3}{8}$ = ____________ $\frac{7}{8}$ = ____________

c) $\frac{1}{5}$ = ____________ $\frac{2}{5}$ = ____________ $\frac{4}{5}$ = ____________

7 Vom Stammbruch zur Dezimalzahl

Beim Umwandeln eines Stammbruches (das sind Brüche mit dem Zähler 1) in eine Dezimalzahl muss man eine Zehnerpotenz suchen, in die der Nenner des Bruchs ohne Rest hineinpasst.

Beispiel: $\frac{1}{8} = ?$

8 passt nicht ohne Rest **in 10**, auch nicht in 100, aber **125 Mal in 1000** hinein.

Also kann man schreiben: $\frac{1}{8} = \frac{125}{1000}$. Mithilfe der Tabelle: $\frac{1}{8} = \frac{125}{1000} = 0{,}125$

Forme ebenso um:

$\frac{1}{20} = ?$ ____

____

8 Vom Bruch zur Dezimalzahl I

Brüche, die keine Stammbrüche sind, kann man zerlegen in einen Stammbruch und einen Faktor.

Z. B. $\frac{3}{25} = 3 \cdot \frac{1}{25}$, also kannst du zuerst $\frac{1}{25}$ als Dezimalzahl schreiben und das Ergebnis dann mit 3 multiplizieren.

Wandle die Brüche in Dezimalzahlen um:

a) $\frac{7}{25}$ = ____________________

b) $\frac{17}{200}$ = ____________________

9 Vom Bruch zur Dezimalzahl II

Es gibt noch eine weitere Methode, Brüche als Dezimalzahlen zu schreiben.

Wie du weißt, ist der Bruchstrich ein Zeichen für Division, also kannst du z. B. $\frac{1}{8}$ durch (schriftliches) Dividieren in eine Dezimalzahl verwandeln.

Finde die Dezimaldarstellung der folgenden Brüche, indem du schriftlich den Zähler durch den Nenner teilst:

a) $\frac{5}{8}$ = ____________________

b) $\frac{7}{40}$ = ____________________

10 Addieren von Dezimalzahlen

Das Verfahren der schriftlichen Addition ist dir bereits von den natürlichen Zahlen bekannt. Bei Dezimalzahlen geht es genauso. Man muss allerdings darauf achten, die Kommas immer genau untereinander zu schreiben!

Berechne durch schriftliche Addition:

a) 843,837 + 8347,094 = ______

b) 93,0945 + 73 672,8 = ______

11 Subtrahieren von Dezimalzahlen

Wie beim Addieren gilt: Kommas immer untereinander schreiben! Berechne.

a) 938,94 − 82,9 = ______

b) 922,09 − 34,9934 = ______

12 Multiplizieren von Dezimalzahlen I

Berechne die Ergebnisse. Tipp: Achte auf die Anzahl der Nachkommastellen.

a) 84,4 · 0,1 = ______

b) 84,4 · 0,01 = ______

c) 84,4 · 0,001 = ______

13 Multiplizieren von Dezimalzahlen II

Zähle in Aufgabe 12 die Nachkommastellen der Ergebnisse und vergleiche diese Anzahl mit der Summe der Nachkommastellen der einzelnen Faktoren. Was fällt dir auf?

14 Dezimalzahl geteilt durch ganze Zahl

Wie rechnet man 448,32 : 12? Wenn du es schon weißt, bist du hier schnell fertig …

Dividiere zunächst wie gewohnt. Aber: Sobald du die erste Nachkommastelle benötigst, musst du beim Quotienten ein Komma setzen.

a) 448,32 : 12 =

b) 6908,192 : 8 =

15 Dezimalzahl geteilt durch ganze Zahl – Besonderheiten

a) Manchmal ist der Quotient kleiner als 1. Dann musst du direkt das Komma setzen. Berechne.

3,96 : 11 =

b) Manchmal muss man beim Dividenden zusätzliche Nullen anfügen. Berechne.

38,7 : 6 =

16 Division von Dezimalzahlen

Fallen dir Strategien für die Berechnung von Termen wie 78,995 : 3,7 ein?

Einerseits könnte man beide Zahlen als Brüche schreiben. Und wie man Brüche durcheinander dividiert, weißt du bereits. Nun gut, das ist eventuell relativ umständlich.
Andererseits kannst du schon durch natürliche Zahlen teilen. Wenn wir im oberen Beispiel Dividend und Divisor mit 10 multiplizieren, spielt das für das Ergebnis keine Rolle – aber es ist leichter zu rechnen, da der Divisor dann die natürliche Zahl 37 ist.

Berechne auf diese Weise den fehlenden Quotienten.

78,995 : 3,7 =

17 Rechnen mit Dezimalzahlen

Berechne jeweils die Ergebnisse.

a) 0,82 · 6 = ____________ b) 2,93 · 2,364 = ____________

c) 8 · 20,47 = ____________ d) 34,03 · 0,009 = ____________

e) 101,7 : 15 = ____________ f) 27,4046 : 52,1 = ____________

g) 557,2597 : 19,9 = ____________ h) 750,95 : 23 = ____________

18 Ein Rattenkäfig

Der rechteckige Boden des Rattenkäfigs von Familie Huber ist genau 0,4 m^2 groß.
Eine Seitenlänge beträgt 80 cm.

Berechne die fehlende Seitenlänge. Denke ans Umrechnen!

19 Milch im Sonderangebot

In Sparhausen eröffnet ein neuer Supermarkt. Die Eröffnungsangebote sollen Kunden anlocken. Beispielsweise kosten 12 l H-Milch nur 5,76 € und ein Achterpack Joghurt 3,44 €.

Berechne die Stückpreise für einen Liter Milch und einen Becher Joghurt.

20 Terme mit Dezimalzahlen

Klammer zuerst, Punkt vor Strich, die verschiedenen Rechengesetze – das alles ist dir mittlerweile bekannt. Bei Dezimalzahlen gelten diese Regeln ebenfalls.

Berechne. Tipp: Manchmal musst du das Komma verschieben!

a) $(0{,}88 - 0{,}73) \cdot 10$

b) $0{,}01 \cdot (4{,}56 : 10 + 5{,}544)$

c) $34{,}84 : 100 \cdot 0{,}01 + 0{,}996516$

d) $14{,}95 - 5{,}22 : 14{,}5$

e) $[(0{,}2 + 0{,}2 + 0{,}2 + 0{,}2) \cdot (0{,}1 + 0{,}1)^2] \cdot 100$

21 Tooor!!

Jannik und Jule basteln für den Kunstunterricht ein Modell eines Fußballplatzes.
Sie haben die offiziellen Tor-Maße im Internet recherchiert: Breite 7,32 m, Höhe 2,44 m.
„Hmmm“, meint Jannik, „als Erstes brauchen wir einen Maßstab. Was hältst du davon, den Maßstab 1 : 100 zu wählen?“ – „Tja, ich weiß nicht. Wird dann das Modell nicht zu klein?“ überlegt Jule, „vielleicht wäre 1 : 50 besser …“

Berechne, wie groß jeweils die Maße des Tors im Modell wären.

Antwort:	Janniks Vorschlag:	Jules Vorschlag:
Höhe des Tors:		
Breite des Tors:		

1 Einheitentafel I

Lies die eingetragene Zahl ab und notiere sie wie im Beispiel. Wähle als Einheit diejenige, unter der die letzte Ziffer rechts steht. Bei Metern und Kilometern kann es sein, dass du vorher mit Nullen auffüllen musst.

km			m			dm	cm	mm	
H	Z	E	H	Z	E				
			5	8	7	0	2		58702 cm
	5	4	3	0	6	4			
			6	2					
5	9	6	0	0	8				
		4	2						

2 Einheitentafel II

Gib die Ergebnisse aus Ausgabe 1 jeweils in der nächstkleineren Einheit wie im Beispiel an:

Beispiel: 58702 cm = 587020 mm

543064 dm = ______________________

620 m = ______________________

596008 m = ______________________

4200 m = ______________________

Ergänze:

Beim Umwandeln in eine **kleinere** Einheit wird die Maßzahl ______________________.

Beim Umwandeln in eine **größere** Einheit wird die Maßzahl ______________________.

3 Schätzen und Messen

Auch Schätzen kann man üben! Schätze erst die Länge (Höhe) der angegebenen Gegenstände und miss dann mit einem Lineal nach. Gib die Einheit mit an. Berechne die Abweichung deiner Schätzungen von den Messergebnissen.

Gegenstand	Geschätzte Länge (Höhe)	Gemessene Länge (Höhe)	Abweichung Schätzung – Messung
a) Wasserglas			
b) Sprudelflasche			
c) Mathebuch			
d) Handy			
e) Wohnzimmer			
f) Esstisch			
g) Haustür			

4 Welche Einheit ist die beste?

Welche Einheit erwartest du bei der Länge (Höhe) von folgenden Dingen?

a) Langstreckenflug: ______ Lampe: ______

b) Gummibärchen: ______ Bett: ______

c) Bildschirmdiagonale: ______ Bleistift: ______

d) Wanderung: ______ Sprint: ______

e) Barthaare: ______ Apfelbaum: ______

f) Schulweg: ______ Reiskorn: ______

5 Umwandeln in kleinere Einheiten

Wandle in die angegebene Einheit um.

a) 136 dm = ______ cm 28 m = ______ cm

b) 114 km = ______ m 933 cm = ______ mm

c) 10 324 m = ______ cm 32 cm = ______ mm

d) 45 km = ______ m 711 m = ______ dm

e) 272 dm = ______ mm 237 095 m = ______ mm

f) 356 cm = ______ mm 93 863 m = ______ cm

6 Umwandeln in größere Einheiten

Wandle in die angegebene Einheit um.

a) 570 dm = ______ m 280 000 dm = ______ km

b) 14 000 m = ______ km 730 cm = ______ dm

c) 10 000 mm = ______ m 9200 cm = ______ m

d) 450 000 000 m = ______ km 8700 cm = ______ dm

e) 272 000 mm = ______ dm 97 000 mm = ______ cm

f) 3500 mm = ______ dm 34 000 dm = ______ m

7 Zahlen mit Komma

Sicher sind dir schon Kommazahlen begegnet. Mit der Einheitentafel ist es gar nicht so schwer, sich mit ihnen anzufreunden.

Schreibe wie im Beispiel die Zahlen in der angegebenen Einheit auf. Manchmal musst du mit Nullen auffüllen.

km			m			dm	cm	mm	
H	Z	E	H	Z	E				
		0	0	4	4				0,044 km
							6		dm
					8	7	4	4	m
								5	m
								2	cm
							6	2	m

8 Umwandeln mit Komma

Wandle in die angegebene Einheit um.
Nullen hinter dem Komma an letzter Stelle kann man weglassen (4,60 = 4,6).

a) 879 dm = ____________ m　　94 948 m = ____________ km

b) 450 cm = ____________ m　　963 cm = ____________ dm

c) 1948 mm = ____________ cm　　834 cm = ____________ m

d) 458 900 m = ____________ km　　12 093 dm = ____________ m

e) 72 746 mm = ____________ dm　　78 090 cm = ____________ mm

9 Welche Einheit ergibt Sinn?

Wandle alle Längenangaben so um, dass sinnvolle Sätze entstehen und löse dann die Aufgaben:

a) „Ich bin bereits **1550 mm** groß", meint Paula. „Ist ja schwer beeindruckend", erwidert Berni, „aber ich bin immer noch um **0,00004 km** größer als du!" Wie groß ist Berni?

b) „Wenn mein Zimmer doch um **12 dm** länger wäre", überlegt Martina, „dann hätte es eine Länge von **3700 mm**, und ich könnte sogar das alte Sofa hineinstellen, obwohl es **0,0018 km** breit ist." Wie lang ist Martinas Zimmer?

c) „Mein Schulweg ist **1 840 000 cm** lang", erzählt Kalle. „Ganz zu schweigen von dem Weg, den man zurücklegt, wenn man in die Sporthalle muss, dann kommen noch mal etwa **0,09 km** dazu!" ergänzt Jenna. „Aber wenn wir das nicht berücksichtigen, ist mein Schulweg um **10 200 m** kürzer als deiner!" Wie lang ist Jennas Schulweg?

10 Einheiten nach Größen ordnen

Die Klasse 5c untersucht in Gruppen Haare unter dem Mikroskop. Bei der Gelegenheit ist die Frage aufgetaucht, wer die längsten Haare der Gruppe besitzt. Manche wollen offenbar bluffen und haben ihre Haarlänge in merkwürdigen Einheiten angegeben.

Ordne die angegebenen Haarlängen der Größe nach. Wer hat die längsten Haare?

Marita: 0,075 m	Hannah: 0,35 m	Ulli: 0,00004 km
Stefan: 190 mm	Karina: 1,6 dm	Nika: 0,00029 km

11 Gräser

Alex, Irina, Sandy und Tom haben im Schulgarten verschiedene Gräser angepflanzt. In den Pausen gießen und pflegen sie ihre Pflanzen, und jeden Freitag messen sie genau die Längen ihres jeweils höchsten Grashalms, um zu vergleichen.

Alex: „Mein längster Grashalm ist dreimal so groß wie deiner, Irina!"
Irina: „Dafür ist meine Grassorte immerhin doppelt so hoch gewachsen wie Sandys."
Tom: „Das ist ja noch gar nichts, mein Gras ist fünfmal so hoch wie Sandys. Sandy, ich glaube, du musst mehr mit deinen Gräsern sprechen! Bei Vollmond – das wirkt!"
Sandy: „Ha ha. Sehr lustig. Meine Sorte ist eben langsamer, dafür aber besonders schön. Außerdem: wenn wir die Längen unserer höchsten Grashalme addieren, kommen wir immerhin auf 28 cm – damit liegen wir noch vor den anderen Gruppen …"

Berechne, wie hoch die einzelnen Gräser sind.

Rechnung:

Schlusssatz: ______________________________

____

12 Die Menschenkette

Stelle dir vor, alle Menschen würden sich bequem nebeneinander aufstellen und sich an den Händen fassen.

a) Wie lange wäre etwa die entstandene Menschenkette?
Überlege dir sinnvolle Schätzwerte und berechne.

b) Wie oft passt diese Kette theoretisch um die Erde? (Erdumfang ca. 40 000 km)

____

13 Einheitentafel I

Lies die eingetragene Zahl ab und notiere sie wie im Beispiel ohne Komma in der angegebenen Einheit. Es kann sein, dass du vorher mit Nullen auffüllen musst.

t			kg			g			mg			
H	Z	E	H	Z	E	H	Z	E	H	Z	E	
		1	5	0	0							1500 kg
				5	9	8						g
1	6											t
		7	7	6	5							kg
					4	0	9					g

14 Einheitentafel II

Gib die Ergebnisse aus Aufgabe 13 jeweils in der nächstkleineren Einheit an:

Beispiel: 1500 kg = 1 500 000 g

598009 g = ____________________

160 t = ____________________

Ergänze:

Bei Gewichten ist das Umwandeln besonders einfach: Wenn man von einer kleineren in die **nächstgrößere** Einheit umwandelt, muss man immer ____________________ ____________________ rechnen. Beim Umwandeln in die **nächstkleinere** Einheit wird immer ____________________ gerechnet.

7765 kg = ____________________

4090 g = ____________________

15 Schwerer Schulranzen?

Maja hat einen langen Schulweg und schleppt immer ziemlich viele Dinge in ihrem Schulranzen mit. Das soll sich jetzt ändern: Zu Hause räumt sie ihren Schulranzen einmal komplett aus und wiegt alles, was da zum Vorschein kommt. Manches „mistet" sie direkt aus. Von allem anderen erstellt sie eine Liste:

Schätze, wie viel die Dinge aus Majas Schulranzen etwa wiegen. Miss mit einer Küchen- oder Briefwaage nach:

Gegenstand	Geschätztes Gewicht	Gemessenes Gewicht	Abweichung Schätzung – Messung
a) Schulbücher			
b) Essen und Trinken			
c) Schlüssel			
d) Handy			
e) Materialien (Geodreieck etc.)			
f) Mäppchen			
g) Portmonee			

16 Kraftrekorde

Bei Kraftweltmeister im Tierreich denkst du vielleicht als Erstes an die Ameise? Neuen Erkenntnissen zufolge sind jedoch Hornmilben derzeit die wahren Rekordhalter – sie können nämlich das 1200-fache ihres Körpergewichts tragen!

Berechne, wie schwer dein Schulranzen maximal sein könnte, wenn du dieselben Kräfte wie die Hornmilbe hättest.

17 Umwandeln in kleinere Einheiten

Wandle in die angegebene Einheit um.

a) 1456 t = ____________ kg 289 g = ____________ mg

b) 454 kg = ____________ g 933 t = ____________ g

c) 17154 g = ____________ mg 32 g = ____________ mg

d) 65 kg = ____________ mg 71 kg = ____________ g

e) 92 t = ____________ mg 467095 kg = ____________ g

f) 309 kg = ____________ mg 7863 g = ____________ mg

18 Umwandeln in größere Einheiten

Wandle in die angegebene Einheit um.

a) 56000 g = ____________ kg 280000 g = ____________ kg

b) 93000 mg = ____________ g 73000 mg = ____________ g

c) 90000000 mg = ____________ kg 90000 g = ____________ kg

d) 450000000 g = ____________ t 6000 kg = ____________ t

e) 272000 mg = ____________ g 77000000 mg = ____________ kg

f) 35000 mg = ____________ g 874000000 g = ____________ t

19 Zahlen mit Komma

Schreibe wie im Beispiel die Zahlen in der angegebenen Einheit auf. Manchmal musst du mit Nullen auffüllen. Nullen, die an letzter Stelle hinter dem Komma stehen, kannst du weglassen (wie im Beispiel).

t			kg			g			mg			
H	Z	E	H	Z	E	H	Z	E	H	Z	E	
	6	1	8	0								61,8 t
					3	3	4					kg
							9	8	4	2		kg
					1	0	6	0				t
										8		g

20 Umwandeln mit Komma

Wandle in die angegebene Einheit um. Nullen an letzter Stelle hinter dem Komma kann man weglassen (4,60 = 4,6).

a) 9382 kg = ______________________ t

9478 mg = ______________________ kg

b) 493 982 g = ______________________ kg

80 mg = ______________________ g

c) 1999 mg = ______________________ g

92 g = ______________________ t

d) 958 800 g = ______________________ kg

1 mg = ______________________ t

e) 72 746 g = ______________________ t

98 760 g = ______________________ kg

f) 83,7 kg = ______________________ t

2,903 g = ______________________ kg

g) 0,872 t = ______________________ g

0,009 kg = ______________________ t

21 Sinnvolle Einheiten

Verbinde die genannten Dinge bzw. Lebewesen mit den passenden Gewichten in der rechten Spalte. Wandle diese dafür zuerst in eine sinnvolle Einheit um.

Was wurde gewogen?
a) Blauwal
b) Tüte Gummibärchen
c) Mensch
d) Ameise
e) Fahrrad
f) Tafel Schokolade
g) Kleinwagen

Ungefähres Gewicht
1) 900 000 000 mg =
2) 0,008 t =
3) 130 000 000 g =
4) 250 000 mg =
5) 0,0001 t =
6) 0,000000001 t =
7) 0,075 t =

22 Gemischte Schreibweise

Schreibe jedes Gewicht in der größeren sowie in der kleineren Einheit (Kommaschreibweise).

a) 3 t 99 kg = ______

b) 9 t 9 g = ______

c) 456 kg 2 g = ______

d) 23 t 345 mg = ______

e) 7 kg 46 g = ______

f) 29 g 1 mg = ______

g) 37 kg 93 mg = ______

23 Ab in den Urlaub!

Endlich Ferien! Der elfjährige Tim, seine um zwei Jahre jüngere Schwester Tina und die einjährige Sarah fahren mit ihren Eltern für zwei Wochen nach Spanien an den Strand. Dafür hat die Familie ihren Kombi vollgeladen mit Kleidung, Büchern, Spielen und weiteren Dingen. Außerdem nehmen sie Proviant für die Fahrt mit; vor allem viele Getränke, denn es soll ein heißer Tag werden und sie sind den ganzen Tag unterwegs.

Wie groß ist das Gesamtgewicht des Autos zu Beginn der Reise? Erstelle eine Liste von allen Dingen und Personen, die sich im Auto befinden, mit ihrem ungefähren Gewicht. Berechne dann das Gesamtgewicht.

24 Trockenfutter für Sam

Nickis Mischlingsrüde Sam bekommt am Tag 180 g Trockenfutter.

Für wie viele Tage reicht der 12 kg-Sack, den Nicki heute gekauft hat?

Rechnung:

Schlusssatz: ____________________

25 Zeitspannen und Zeitpunkte

Zwischen zwei Zeitpunkten liegt immer eine **Zeitspanne**.
Beispiel: Jutta geht morgens um **7:05 Uhr** aus dem Haus. Um **7:45 Uhr** trifft sie normalerweise in der Schule ein. Also braucht sie für ihren Schulweg **40 min**.

Welche **Zeitpunkte** kommen im Beispiel vor? ______________________________

Und welche **Zeitspanne** hast du im Beispiel gefunden? ______________________

Berechne jeweils die fehlende Angabe und entscheide, ob es sich dabei um eine Zeitspanne oder einen Zeitpunkt handelt.

a) Lias Zug fährt um **13:07 Uhr** ab und kommt um **13:34 Uhr** in ihrem Heimatdorf an. Wie lange dauert die Fahrt?

____

b) Die Pause beginnt um **9:35 Uhr** und dauert eine **Viertelstunde**. Wann endet sie?

____

c) Irma und Hans backen einen Kuchen. Um **13:47 Uhr** schieben sie ihn in den Ofen. „Jetzt muss er **55 min** backen", steht im Backbuch. Wann ist der Kuchen fertig?

____

26 Zeitspannen

Arlena: „Heute bin ich schon um **4:40 Uhr** aufgewacht und konnte danach nicht mehr schlafen. Und das, obwohl ich gestern erst um **22:00 Uhr** eingeschlafen bin."
Papa Jens: „So etwas. Tja, ich bin sogar erst um **zwanzig nach elf** eingeschlafen, war aber heute relativ früh wach, so gegen **5:40 Uhr**. Die Vögel haben laut gezwitschert."
Patrick: „Ehrlich? Bei mir war es so: Ich bin schon um **fünf nach neun** eingeschlafen und bin auch erst um **halb sieben** wieder vom Wecker geweckt worden."
Mama Isa: „Klingt gut. Ich bin um **halb elf** eingeschlafen. Um **Viertel nach eins** hat allerdings das Baby geschrien und ich habe den Kleinen eine **Dreiviertelstunde** herumgetragen. Dann konnte ich schlafen bis um **zehn nach vier**, bevor es wieder losging. Seither bin ich wach. Ich fürchte, er bekommt seine ersten Zähne!"

Wer hat wie lange geschlafen? Gib die Zeitspannen so an: z. B. 4 h 20 min.

27 Stunden, Minuten, Sekunden ...

Ergänze:

3 Stunden sind ________________ **Minuten** oder auch ________________ **Sekunden**. Darauf kommt man wie folgt: Man multipliziert die Maßzahl (hier die 3) mit ________________, dann hat man die Zeitspanne in Minuten. Das Ergebnis multipliziert man dann noch einmal mit ________________, um das Ergebnis in Sekunden anzugeben. Das entspricht dem Term (______ · ______) · ______.

Kommt man wohl auf dasselbe Ergebnis, wenn man direkt $3 \cdot 3600$ ausrechnet?

________________. Das entspricht dem Term **3** · (______ · ______). Da die beiden Terme **gleichwertig** sind, muss auch dasselbe Ergebnis herauskommen! Übrigens: Sie sind gleichwertig, weil ________________

________________.

28 Umrechnen

Rechne in die in Klammern angegebene Einheit um.
Beachte: Beim Umrechnen in eine größere Einheit musst du dividieren, beim Umrechnen in eine kleinere Einheit multiplizieren.

a) 2 h (min) ________________ 5 h (min) ________________

b) 240 min (h) ________________ 600 min (h) ________________

c) 3600 s (h) ________________ 36 000 s (h) ________________

d) 1 h 45 min (min) ________________ 4 min 56 s (s) ________________

e) 1 h 40 min (s) ________________ 2 h 3 s (s) ________________

f) 1200 min (h) ________________ 1200 s (min) ________________

29 Umrechnen für Fortgeschrittene

Auch Tage (d), Wochen und Jahre sind Zeiteinheiten, die du aus dem Alltag kennst.
Dabei geht man von Jahren aus, die keine Schaltjahre sind, also **1 Jahr = 365 d**.

Fülle die weißen Felder der Tabelle aus.

	Jahre	Wochen	Tage	Stunden	Minuten	Sekunden
a)			4			345 600
b)		2				1 209 600
c)					24 480	
d)	2					
e)				312		
f)					3360	

30 Umrechnen

Ordne die Zeitspannen nach ihrer Länge. Beginne mit der kürzesten Spanne.

4 h – 10 min – 3120 s – 245 min – 55 min – 1 h 15 min – 601 s – 1390 s

31 Kommazahlen bei Zeiten?

Wie viele Minuten sind ...

a) ... eine halbe Stunde (0,5 h)? ______

b) ... 1,5 h? ______

c) ... eine Viertelstunde (0,25 h)? ______

d) ... eine Zehntel-Stunde (0,1 h)? ______

e) ... 0,8 h? ______

Hast du eine Idee, warum die Kommaschreibweise bei Zeitspannen kaum verwendet wird, obwohl es sie gibt?

______

______

______

______

______

______

______

32 Zeitspannen

Richtig oder falsch? Begründe deine Entscheidung jeweils durch Rechnungen.

a) Ein 13 Jahre alter Jugendlicher ist etwa 6200 Tage alt.

b) Ellen behauptet, sie habe in einem halben Jahr über 250 000 min geschlafen.

c) Ein Fußballspiel dauert ohne Halbzeitpause weniger als 5300 s.

d) Jan hat berechnet, dass er an den 181 Schultagen dieses Schuljahrs insgesamt fast 3000 min für den Schulweg gebraucht hat. Er wohnt ca. 700 m von der Schule entfernt.

33 Zeitspannen

Die Klasse 5 d fährt am Wandertag in die Stadt. Sie wollen den Zug um 8:36 Uhr nehmen. Die Züge in die Stadt brauchen immer 27 min. Vormittags ist die Klasse beim Technikmuseum angemeldet, wo eine einstündige Führung stattfinden soll und die Schüler und Schülerinnen verschiedene Dinge ausprobieren werden. Danach ist ein gemeinsames Mittagessen etwas außerhalb im Stadtpark geplant, und am Nachmittag steht noch ein Kinobesuch auf dem Programm.

Die Züge zurück fahren alle 20 min. Robin schreibt seiner Mutter eine sms: „Den Zug um 14:33 Uhr schaffen wir sicherlich nicht. Aber vermutlich …“ Überlege einen Zeitplan für den Tag und schreibe Robins sms zu Ende.

34 Ortszeiten

Wie du weißt, geht die Sonne im Osten auf. Im Osten ist es also früher hell als im Westen, und es wird natürlich auch früher dunkel. Die Uhrzeiten passen sich an und sind von Zeitzone zu Zeitzone unterschiedlich. Man spricht deshalb von „Ortszeiten“.

Fülle die Tabelle mit den entsprechenden Ortszeiten aus:

	Westen: Chicago (USA)	Unsere Zeitzone: Berlin	Osten: Sydney (Australien)
	5 Uhr morgens	12 Uhr mittags	21 Uhr abends
a)		15 Uhr mittags	
b)	13 Uhr mittags		
c)			14 Uhr mittags
d)	20 Uhr abends		

Was fällt dir bei den Teilaufgaben b), c) und d) auf?

____

35 Zeitverschiebung

Familie Reisegern aus Berlin fliegt im Urlaub nach New York, USA. Die Zeitverschiebung beträgt 6 Stunden.

Berechne die Ankunftszeit des Flugzeuges in New York (Ortszeit), wenn das Flugzeug um 13:40 Uhr in Berlin (Ortszeit) startet und 8 h 55 min benötigt.

____

____

____

____

____

36 Gleiche Einheiten

Wichtig ist beim Rechnen mit Größen, dass **alle Größen die gleiche Einheit** besitzen. Manchmal ist das nicht direkt so, dann musst du erst umrechnen.

Berechne die Ergebnisse. Wandle zuerst um, wenn es nötig ist.

a) 8 kg : 4 kg = ______

b) 150 cm : 2,5 dm = ______

c) 2 t − 16,5 g = ______

d) 34 000 g : 2 kg = ______

e) 7 kg + 3 t + 2 mg − 2 g = ______

37 Günstig oder ungünstig?

Eigentlich ist es egal, welche Einheit man beim Umwandeln wählt, aber natürlich will man sich das Rechnen nicht unnötig erschweren.

Hier siehst du vier Aufgaben und zu jeder Aufgabe zwei richtige Rechenwege.
Kreise jeweils den vorteilhafteren Rechenweg ein (R1 oder R2) und berechne.

a) 180 000 kg : 2 t: **R1** 180 000 kg : 2000 kg **R2** 180 t : 2 t

______

b) 6 kg − 23 mg: **R1** 6 000 000 mg − 23 mg **R2** 6 kg − 0,000023 kg

______

c) 135 min − 2 h: **R1** 2,25 h − 2 h **R2** 135 min − 120 min

______

d) 250 dm : 2,5 m **R1** 250 dm : 25 dm **R2** 25 m : 2,5 m

______

38 Einheiten beim Dividieren

a) Schau genau hin: Welche Textaufgaben passen jeweils zu welchem Term? Trage in die Kästchen jeweils (1) oder (2) ein.

Terme: (1) 80 cm : 5 = 16 cm (2) 80 cm : 5 cm = 16

Textaufgaben:

☐ (A) Hannes teilt einen **80 cm** langen Stock in **5 gleich** große Abschnitte. Wie lang ist jeder Abschnitt?

☐ (B) Ina hat **5** gleich große Fotos nebeneinander in einen Rahmen gelegt und aufgehängt. Insgesamt ist der Rahmen **80 cm** lang. Wie lang ist ein Foto?

☐ (C) Tom hat ein mehrbändiges Lexikon. Jeder Band ist **5 cm** dick; alle Bände nebeneinander nehmen eine Breite von **80 cm** ein. Wie viele Bände umfasst das Lexikon?

b) Beschreibe den Unterschied zwischen den beiden Termen aus a).

____

____

39 Textaufgabentraining zum Dividieren

Stelle jeweils einen geeigneten Term auf und berechne das Ergebnis.

a) Carla arbeitet in einem Eine-Welt-Laden und muss heute 20 kg Kaffeebohnen abfüllen. Sie packt dabei Portionen zu 250 g ab. Wie viele Portionen gibt das?

____

____

b) Ernie hat 7,20 € und soll sich davon 12 Schulhefte kaufen. Wie viel darf ein Schulheft maximal kosten?

____

____

40 Einheiten beim Vervielfachen

Beim Vervielfachen einer Größe musst du darauf achten, dass das Produkt immer die gleiche Einheit besitzt wie die vervielfachte Größe! Danach kannst du gegebenenfalls in eine andere Einheit umrechnen.

Berechne. Rechne gegebenenfalls in die größere Einheit um.

a) $500\,m \cdot 4 =$ ______ $78\,g \cdot 10 =$ ______

b) $0{,}6\,t \cdot 100 =$ ______ $4 \cdot 325\,cm =$ ______

c) $30\,min \cdot 60 =$ ______ $30 \cdot 60\,s =$ ______

d) $290\,mg \cdot 20 =$ ______ $10 \cdot 550\,mm \cdot 2 =$ ______

e) $7234{,}73\,kg \cdot 10 =$ ______ $54{,}876 \cdot 100\,m =$ ______

41 Komma verschieben

Du hast es vielleicht schon gemerkt: Wenn du durch eine Zehnerpotenz (10; 100; 1000 etc.) teilst oder mit einer solchen Zahl multiplizierst, sieht das Ergebnis kaum anders aus als die Ausgangszahl – „nur" das Komma steht an einer anderen Stelle!

a) Ergänze:

Wenn man beispielsweise 788,4 g mit 1000 multipliziert, muss man das Komma um ______ Stellen nach ______ verschieben (______ Stellen, weil die Zahl 1000 drei Nullen besitzt). Es kommt also ______ heraus. Nun teilt man 788,4 g durch 100. Das Komma wird also um ______ Stellen nach ______ verschoben, Ergebnis ist ______.

b) Berechne durch Kommaverschiebung. Rechne evtl. in eine andere Einheit um.

$922{,}7\,t : 100 =$ ______ $83{,}93\,cm \cdot 100 =$ ______

$9\,km : 1000 =$ ______ $0{,}92682\,kg \cdot 10\,000 =$ ______

42 Profitraining

Berechne jeweils die Ergebnisse. Beachte alle dir bekannten Rechengesetze.
Rechne falls nötig in eine sinnvolle Einheit um.

a) $(98\,g + 112\,g) : 30\,g =$ ______

b) $48\,kg : (2\,400\,000\,mg \cdot 10) =$ ______

c) $60\,min \cdot 100 : 20 =$ ______

d) $27\,kg - 3\,500\,000\,mg \cdot 2 =$ ______

e) $3\,400\,m : 17\,dm : 20 =$ ______

f) $12\,cm - 9\,dm : 3 + 1\,m + (-2\,cm) =$ ______

43 Kuchenverkauf

a) Die Klasse 5a verkauft Kuchen in der großen Pause. Es gilt für jedes Kuchenstück der einheitliche Preis von 0,50 €.

Es wurden 480 Stücke verkauft. Wie viel hat die Klasse eingenommen?

b) Eine Woche später verkauft die Parallelklasse 5b ebenfalls Kuchen in der Pause für den gleichen Preis.

Die 5b nimmt 480 € ein. Wie viele Kuchenstücke wurden verkauft?

c) An einem dieser Tage war das Schulkiosk geschlossen.
Kannst du sagen an welchem? Begründe deine Antwort.

44 Süßes auf Kredit

Emma kauft sich auf dem Heimweg von der Schule oft noch etwas am Kiosk. Sie hat manchmal kein Geld dabei, aber der Kioskbesitzer kennt Emma bereits und gibt ihr auch ohne Geld die gewünschten Süßigkeiten. Er führt eine Liste mit ihren Schulden.

Heute will Emma ihre Schulden begleichen und geht mit einem 10 €-Schein zum Kiosk. Auf ihrer Schulden-Liste steht: 6 Brause-Lutscher à 60 ct, 3 Eis à 0,80 €, 1 Schokoriegel à 0,65 € und 2 Äpfel à 45 ct.

Reicht ihr Geld noch, um die 2 € für die Klassenkasse zu bezahlen? Stelle einen Term für den Restbetrag auf und berechne ihn, falls etwas übrig bleibt.

Rechnung:

Schlusssatz: ______________________________

45 Balkonbepflanzung

Christian bepflanzt seinen Balkon und will Blumenkästen ringsum an das Geländer hängen. Die Kästen haben eine Länge von 80 cm und eine Breite von 20 cm.

Wie viele dieser Kästen kann Christian an das Geländer hängen, wenn zwischen den Kästen keine Lücke frei bleiben soll und der Balkon die Breite 2,40 m und die Tiefe 1 m besitzt?

46 Großeinkauf

Familie Hermanns rüstet sich für den Sommerurlaub aus. Papa Gustav kauft sich einen Sonnenhut für 14,95 € und eine Badehose für 19,90 € und Mama Simone erwirbt einen Rock für 29,95 € und eine Sonnenbrille für 12,99 €. Tochter Mikaela findet einen Bikini für 17,95 € und ein Oberteil für 15,95 €, während Sohn Oliver Shorts für 25,99 € und Sandalen für 23,50 € bekommt.

Wie viel bezahlt Familie Hermanns insgesamt?

47 Aufzug

Die kleine Esther wohnt im 12. Stock eines Wohnhauses in Frankfurt. Zu ihrer Wohnung fährt ein Aufzug. Aus Sicherheitsgründen ist ein Schild angebracht: „Maximal 13 Personen bzw. 1,066 t Gesamtgewicht".

a) Mit welchem durchschnittlichen Personengewicht hat die Firma gerechnet?

b) Esther wiegt 41 kg. Wie viele Kinder mit diesem Gewicht dürften maximal in dem Aufzug fahren?

48 Kerzen I

Eine 12 cm hohe Kerze wird angezündet. Stündlich wird sie um 6 mm kürzer.

a) Berechne, wie lang die Kerze höchstens brennen kann. (Brenndauer)

b) Bei einer anderen Kerze ist die Brenndauer mit 36 h angegeben. Neu ist sie 18 cm hoch. Um wie viel wird sie in der Stunde kürzer?

49 Kerzen II

Eine rote und eine grüne Kerze werden gleichzeitig angezündet. Die rote Kerze ist neu 15 cm hoch und hat eine Brenndauer von 25 h, die grüne ist neu 12 cm hoch und wird um 4 mm pro Stunde kürzer.

a) Gibt es einen Zeitpunkt, an dem beide Kerzen gleich hoch sind? Wann?

b) Wie könnte die grüne Kerze im Vergleich zu der roten aussehen? Warum?

1 Achsensymmetrische Figuren

Richtig oder falsch? Kreuze an.

Behauptung	Richtig	Falsch
a) Eine achsensymmetrische Figur hat immer unendlich viele Spiegelachsen.		
b) Eine Figur heißt achsensymmetrisch, wenn sie durch mindestens eine Spiegelachse in zwei spiegelbildliche Teile zerlegt werden kann.		
c) Wenn man einen Punkt an einer Symmetrieachse spiegelt, hat der ursprüngliche Punkt genau denselben Abstand zu dieser Achse wie sein Spiegelbild.		
d) Es gibt Figuren, die haben nur eine Spiegelachse, aber viele Symmetrieachsen.		
e) Ein Rechteck hat immer zwei Symmetrieachsen.		

2 Achsensymmetrische Buchstaben

Schreibe alle Großbuchstaben aus unserem Alphabet auf, die symmetrisch zu mindestens einer beliebigen Achse sind und zeichne alle in Frage kommenden Achsen ein:

3 Symmetrische Wörter

In Aufgabe 2 mussten nur die einzelnen Buchstaben eine Symmetrieachse haben.

Suche vier Wörter, die jeweils nur mit einer Spielgelachse auskommen.
Gib an, ob die Spiegelachse senkrecht oder waagerecht verläuft.

4 Symmetrie im Koordinatensystem

Zeichne auf ein kariertes Blatt ein Koordinatensystem für positive Zahlen ein (Skala der Achsen sollte von 0 bis 6 reichen).

a) Trage die Punkte ein: A (3 | 4,5); B (2,5 | 3); C (1 | 3); D (2,5 | 2,5); E (2 | 1); F (3 | 2).

b) Verbinde die Punkte von A bis F. Spiegele die entstandenen Strecken an der Spiegelachse, die durch die Punkte A und F verläuft.

c) Was für eine Figur hast du erhalten? Benenne die gespiegelten Punkte mit A', B' etc. und gib ihre Koordinaten an.

____

d) Welche beiden Punkte haben durch das Spiegeln ihre Lage nicht verändert und woran liegt das?

____

____

____

5 Spiegelachsen finden

Zeichne möglichst alle Spiegelachsen der Figuren ein. Wie viele gibt es jeweils?

a) Rechteck:  Anzahl Spiegelachsen: ____________	b) Quadrat:  Anzahl Spiegelachsen: ____________
c) Kreis:  Anzahl Spiegelachsen: ____________	d) Gleichseitiges Dreieck: 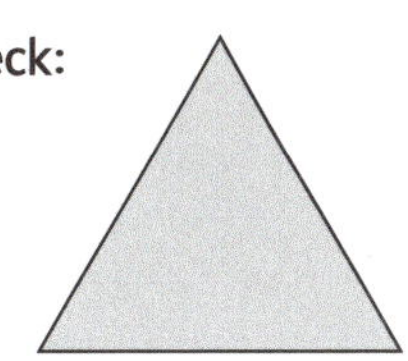 Anzahl Spiegelachsen: ____________

6 Punktsymmetrie

Eine Figur ist punktsymmetrisch, wenn alle Verbindungsstrecken zwischen einem Punkt im Urbild und seinem Bildpunkt sich in einem Punkt schneiden. Dieser Punkt ist dann auch das Symmetriezentrum.

Finde alle punktsymmetrischen Großbuchstaben unseres Alphabetes.

____

____

____

7 Punktspiegelung

Erstelle auf Karo-Papier ein Koordinatensystem (Skala von 0 bis 8). Trage die Punkte A bis E ein. Verbinde sie in dieser Reihenfolge: A(3 | 5); B(3 | 3); C(3,5 | 4); D(4 | 3); E(4 | 5).

a) Was erhältst du?

____.

b) Führe jeweils eine Punktspiegelung aus mit den Symmetriezentren A, B und C. Was stellst du fest? Beschreibe genau.

____

____

____

____

c) Chris hat die Punkte A bis E ebenfalls verbunden und punktgespiegelt und erhält eine Bildfigur mit den Koordinaten A′(6 | 3); B′(6 | 5); C′(5,5 | 4); D′(5 | 5); E′(5 | 3).

Welches Symmetriezentrum S hat Chris verwendet?

____

8 Richtig oder falsch?

Beurteile, ob die Aussagen richtig oder falsch sind.

	falsch	richtig
a) Alle achsensymmetrischen Figuren sind auch punktsymmetrisch.	◯	◯
b) Punktsymmetrische Figuren können nicht gleichzeitig achsensymmetrisch sein.	◯	◯
c) Wenn man verschiedene Symmetriezentren wählt, verändert sich auch die Lage der Bildfigur.	◯	◯

1 Punkte im Koordinatensystem

Zeichne ein Koordinatensystem auf Karopapier; ein Kästchen entspricht einer Einheit. Zeichne die Punkte A (−3 | −4); B (3 | −4); C (3 | 0); D (0 | 3); E (−3 | 0) ein und verbinde sie.

Welche Figur erhältst du?

___

2 Entdeckungen im Koordinatensystem I

Zeichne die angegebenen Punkte in ein Koordinatensystem ein. Welche Figuren erhältst du, wenn du jeweils die Punkte der Reihe nach verbindest?

a) A (−1 | −1); B (1 | −1); C (1 | 1); D (−1 | 1)

___

b) A (−3 | 0); B (0 | −2); C (3 | 0); D (0 | 2)

___

c) A (−2 | −1); B (2 | −1); C (0 | 2)

___

d) A (−2 | 0); B (0 | −2); C (3 | 0); D (0 | 2)

___

3 Strecke, Entfernung, Abstand

Erkläre die Begriffe. Wie kann man die Länge jeweils bestimmen?

a) Strecke: ______________________________

____

b) Abstand zwischen einem Punkt und einer Geraden: ______________________________

____

____

____

4 Abstände messen

Zeichne ein Koordinatensystem auf ein kariertes Papier (1 cm entspricht 1 Einheit) und trage die angegebenen Informationen ein.

a) Trage die Punkte ein: A(1 | 3); B(5 | 0). Wie lang ist die Strecke $\overline{AB}$?

____

b) Wie groß ist der Abstand des Punktes A(3 | 8) zur waagerechten Achse bzw. zur senkrechten Achse?

____

____

5 Eigenschaften von Vierecken

Kreuze an, welche Eigenschaft für das jeweilige Viereck zutrifft:

Eigenschaft	Allgemeines Viereck	Parallelogramm	Raute	Rechteck	Quadrat
a) Es sind vier Ecken vorhanden					
b) Es sind mindestens zwei gleich lange Seiten vorhanden					
c) Gegenüberliegende Seiten müssen parallel sein					
d) Es müssen vier rechte Winkel vorhanden sein					
e) Die Diagonalen müssen gleich lang sein					
f) Alle vier Seiten müssen gleich lang sein					
g) Die Diagonalen müssen senkrecht aufeinander stehen					

6 Vierecke ergänzen

Gib jeweils den fehlenden Punkt an, so dass sich die geforderte Figur ergibt. Alle Koordinaten sollen positiv sein.

a) Ergänze zum Parallelogramm: A(0 | 0); B(4 | 0); C(2 | 3) ______________________

b) Ergänze zum Quadrat: A(1 | 2); B(0 | 2); C(0 | 1) ______________________

c) Ergänze zum Rechteck: A(7 | 7); B(1 | 3); C(3 | 0) ______________________

d) Ergänze zu einer Raute: A(2 | 0); B(0 | 2); C(2 | 4) ______________________

e) Ergänze zu einem Quadrat: A(2 | 0); B(0 | 2); C(2 | 4) ______________________

7 Falsch oder richtig?

Beurteile die folgenden Aussagen und kreuze an. Die Aufgaben 5 und 6 können dir dabei helfen.

	falsch	richtig
a) Es gibt Rauten, die gleichzeitig Quadrate sind.	○	○
b) Jede Raute ist gleichzeitig ein Quadrat.	○	○
c) Jedes Quadrat ist gleichzeitig eine Raute.	○	○
d) Jede Raute ist ein Parallelogramm.	○	○
e) Jedes Parallelogramm ist eine Raute.	○	○
f) Es gibt Rechtecke, die gleichzeitig Parallelogramme sind.	○	○
g) Es gibt Parallelogramme, die gleichzeitig Rechtecke sind.	○	○
h) Jedes Parallelogramm ist ein Rechteck.	○	○
i) Jedes Rechteck ist ein Parallelogramm.	○	○

8 Drachen und Trapeze

Du kennst Parallelogramme, Rauten, Rechtecke und Quadrate. Es gibt aber noch mehr besondere Vierecke.

Was genau sind in der Geometrie Drachen und symmetrische Trapeze?

a) Drachen: ____

____

____

b) Symmetrische Trapeze: ____

____

9 Kaninchen I

Judith besitzt mehrere Kaninchen. Im Frühling möchte sie ihnen gerne ein wenig Auslauf und frisches Gras gönnen und sucht im Keller nach etwas Zaun, um ein Außengehege abzustecken. Sie findet 8 m Zaun und macht sich sofort an die Planung.

a) Das Gehege soll rechteckig sein. Welche beiden Form-Möglichkeiten gibt es?

b) Die 8 m sollen restlos verbraucht werden. Gib für zwei mögliche nichtquadratische Rechtecke jeweils die Seitenlängen an. Führe eine Probe-Rechnung durch.

c) Gib für ein quadratisches Gehege die Seitenlänge an, sodass die 8 m restlos verbraucht werden. Notiere deine Rechnung.

10 Kaninchen II

Da Judith will, dass die Kaninchen so viel Platz wie möglich in ihrem neuen Gehege haben, vergleicht sie nun die verschiedenen Möglichkeiten.

Zeichne die Gehege aus Aufgabe 9 so genau wie möglich auf Karopapier (1 m entspricht 1 Kästchenlänge). Sind alle möglichen Gehege gleich groß? Begründe möglichst genau.

11 Umfang von Rechtecken

Ergänze die Formeln:

a) Den **Umfang u** eines **Rechtecks** mit den Seitenlängen a und b berechnet man, indem man alle Seitenlängen addiert. Also heißt die entsprechende Formel:

____

b) Den **Umfang u** eines **Quadrats** mit der Seitenlänge a berechnet man, indem man alle Seitenlängen addiert. Also heißt die entsprechende Formel:

____

12 Umfänge berechnen

Berechne den Umfang der folgenden Figuren:

a) **Quadrat** mit der Seitenlänge 6 cm: ______________________________

b) **Rechteck** mit $a = 2\,\text{cm}$ und $b = 7\,\text{cm}$: ______________________________

c) **Rechteck** mit $a = 5\,\text{cm}$ und $b = 3\,\text{dm}$: ______________________________

d) Der **Umfang u** eines **allgemeinen Vielecks** ist die Summe aller Seitenlängen.
Berechne den Umfang eines Fünfecks mit $a = b = 2\,\text{cm}$; $c = 4\,\text{cm}$, $d = e = 6\,\text{cm}$.

____

13 Vom Umfang zur Seitenlänge

a) Der Umfang eines Rechtecks beträgt 40 cm. Die Seite a ist 5 cm lang.
Wie groß ist die zweite Seitenlänge b des Rechtecks? Notiere die Rechnung.

____

____

b) Der Umfang eines Quadrats ist 32 cm. Berechne die Seitenlänge a.

____

14 Sitzplätze im Kinosaal

a) Die Sitze in einem Kinosaal sind rechteckig angeordnet. Es gibt 13 Reihen. In einer Reihe gibt es 25 Sitze.
Wie viele Plätze sind in dem Saal insgesamt angebracht? Notiere deinen Rechenweg.

b) Im zweiten Saal des Kinos gibt es 320 Plätze und 20 Sitzplätze pro Reihe.
Wie viele Reihen gibt es?

15 Flächeninhalt von Rechtecken

In dieser Aufgabe geht es um die Berechnung des Flächeninhaltes A bei Rechtecken.

a) Wenn man den Flächeninhalt eines Rechtecks mit den Seitenlängen 4 cm und 6 cm ausrechnen will, rechnet man:

b) Allgemein formuliert: Wenn man den Flächeninhalt eines Rechtecks mit den bekannten Seitenlängen a und b ausrechnen will, rechnet man:

c) Wenn man den Flächeninhalt eines Quadrats mit der bekannten Seitenlänge a ausrechnen will, rechnet man:

16 Flächeninhalt beim Parallelogramm

Zeichne auf Karopapier ein Rechteck mit $a = 5$ Kästchenlängen und $b = 8$ Kästchenlängen.

a) Berechne: Wie viele Kästchen umschließt das Rechteck? ______

b) Zeichne daneben ein Parallelogramm mit dem gleichen Flächeninhalt und beschreibe dein Vorgehen.

______
______
______
______
______

17 Flächeninhalt beim Dreieck

Zeichne auf Karopapier ein Koordinatensystem (1 Kästchenlänge entspricht einer Einheit), trage die Punkte A bis D ein und verbinde sie: A(0 | 1); B(0 | 5); C(5 | 5); D(5 | 1).

a) Wie groß ist der Flächeninhalt der entstandenen Figur? (Angabe in Kästchen)

______

b) Zeichne in dasselbe Koordinatensystem folgendes Dreieck: E(0 | 1); F(5 | 1); G(1 | 5). Ermittle den Flächeninhalt in Kästchen.

______

c) Vergleiche die Flächeninhalte aus a) und b). Was stellst du fest? Wie groß ist der Flächeninhalt des Dreiecks E(0 | 1); F(5 | 1); G(0 | 5)?

______
______

18 Einheiten von Flächeninhalten

Verbinde die Terme a) bis f) mit der jeweils richtigen Lösung 1) bis 6). Markiere in einer gesonderten Farbe, welche Terme für einen Flächeninhalt stehen.

a) $8\,cm \cdot 2\,cm$	1) $6\,km$
b) $2\,km + 4\,km$	2) $8\,km^2$
c) $7\,dm \cdot 1\,dm$	3) $8\,mm$
d) $2\,km \cdot 4\,km$	4) $7\,dm^2$
e) $7\,mm + 1\,mm$	5) $16\,mm^2$
f) $4\,mm \cdot 4\,mm$	6) $16\,cm^2$

Welchen der Flächeninhaltsterme von der linken Seite kannst du dir als Flächeninhalt eines Quadrats vorstellen? ______________________

19 Umrechnungszahlen

Du weißt bereits, wie man Längenmaße umrechnet, z. B. 10 cm = 1 dm.
Wie ist es nun bei Flächeninhalten?
Zeichne auf kariertes Papier ein kleines Quadrat mit der Seitenlänge 1 cm. Den Flächeninhalt dieses Quadrates (4 Kästchen) nennt man $1\,cm^2$.

a) Zeichne ein Quadrat mit der Seitenlänge 1 dm. Der Flächeninhalt dieses Quadrates ist $1\,dm^2$. Wie viele cm^2 passen in $1\,dm^2$?

____

b) Zeichne drei Quadrate mit der jeweiligen Seitenlänge 2 cm, 4 cm, 8 cm und gib ihre Flächeninhalte in cm^2 an.

____

____

c) Ergänze: $1\,m^2$ = ____________ cm^2; $1\,km^2$ = ____________ m^2

20 Umrechnen von Einheiten

Rechne jeweils in die angegebene Einheit um. Eine Tabelle kann dir dabei helfen.
Hinweis: Flächeninhaltsmaß Ar ($1\,a = 100\,m^2$) und Hektar ($1\,ha = 100\,a = 10\,000\,m^2$).

a) $400\,cm^2$ = ______________ dm^2 $20\,000\,cm^2$ = ______________ m^2

b) $80\,dm^2$ = ______________ cm^2 $700\,cm^2$ = ______________ m^2

c) $40\,000\,dm^2$ = ______________ km^2 $7\,km^2$ = ______________ m^2

d) $3938\,cm^2$ = ______________ m^2 $9\,059\,499\,mm^2$ = ______________ dm^2

e) $57\,385\,dm^2$ = ______________ a 838 a = ______________ ha

21 Ordnung mit Flächen

Angegeben sind jeweils Länge und Breite von (annähernd) rechteckigen Flächen. Ergänze die Einheiten sinnvoll und berechne den jeweiligen Flächeninhalt. Ordne dann alle Ergebnisse der Größe nach an (beginne mit dem kleinsten Wert).

a) Zimmer: 4,23 ______________ ; 3,80 ______________ ; Flächeninhalt: ______________

b) Postkarte: 13,45 ______________ ; 9,7 ______________ ; Flächeninhalt: ______________

c) Wäldchen: 1,2 ______________ ; 2,76 ______________ ; Flächeninhalt: ______________

d) Handy-Taste: 2,9 ______________ ; 0,8 ______________ ; Flächeninhalt: ______________

e) Sportplatz: 125 ______________ ; 90 ______________ ; Flächeninhalt: ______________

Nach Größe geordnet:

____

22 Die Form verschiedener Körper

a) Schreibe die Namen der angegebenen Körper unter die jeweilige Abbildung.

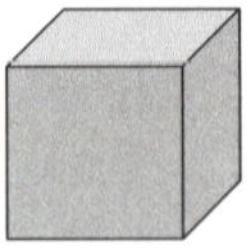
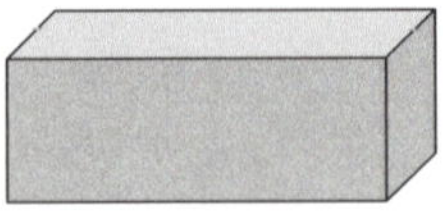

_______________ _______________ _______________

b) Zähle mindestens drei weitere Körper auf, die du kennst.

____

23 Eigenschaften von Körpern

Fülle die Tabelle aus.

Körper	Anzahl der Flächen	Anzahl der Kanten	Anzahl der Ecken
a) Kugel			
b) Zylinder			
c) Würfel			
d) Quader			
e) Dreieckprisma			
f) Kegel			
g) Viereckpyramide			

24 Würfel und Quader

Der Flächeninhalt einer Seitenfläche eines Würfels beträgt 121 cm^2. Wie lang sind alle Kanten des Würfels zusammen?

25 Würfelnetze

Ist dieses Netz ein Würfelnetz?

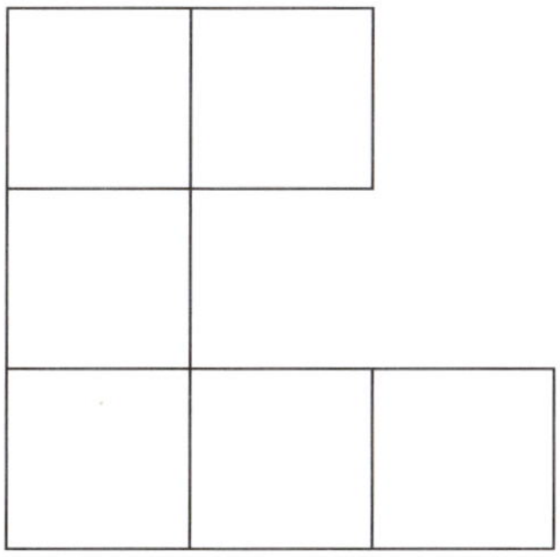

26 Mantelflächen

Du kannst aus folgenden Flächen einen Körper ohne Grundseiten (also ohne „Boden“ bzw. „Deckel“) formen.

Welche geometrischen Grundkörper könntest du bilden? Gibt es mehrere Möglichkeiten?

a)

b)

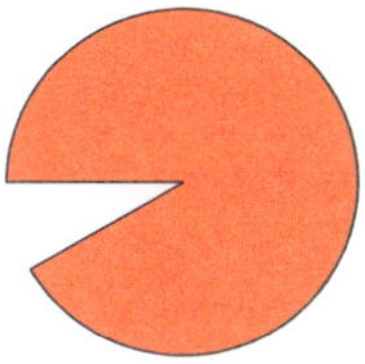

27 Schrägbilder

Hier brauchst du kariertes Papier.

a) Zeichne ein Schrägbild eines Würfels mit der Kantenlänge $a = 20\,mm$.

b) Zeichne ein Schrägbild eines Quaders mit den folgenden Kantenlängen:
$a = 2\,cm$; $b = 3\,cm$; $c = 2\,cm$.

Die Vorderfläche des Quaders soll die Fläche mit dem größten Flächeninhalt sein.

28 Rauminhalt

Du kennst bestimmt die Einheit Liter. Vielleicht hast du auch schon mal etwas von Kubikmetern gehört. Dabei geht es um den Raum, den ein Körper ausfüllt.

Ergänze die Sätze zu richtigen Aussagen.

a) Mineralwasserflaschen können oft ______________________ fassen, manchmal aber nur

______________________________.

b) Den **Flächeninhalt eines Rechtecks** berechnet man, indem man __________________

und _____________________ miteinander ___________________________________.

Den **Rauminhalt (das Volumen) eines Quaders** berechnet man so: __________________.

c) Den **Rauminhalt (das Volumen) eines Würfels** mit der Seitenlänge a berechnet

man so: ____.

29 Würfelzucker

Hast du schon einmal eine Schachtel mit Würfelzuckerstückchen gesehen? Lauter kleine Würfel sind ordentlich aufgestapelt, sodass in die gesamte Schachtel möglichst viele Stückchen hineinpassen. Das machen wir in Gedanken jetzt auch:
Stell dir vor, du hast ganz viele kleine Würfelchen mit der Kantenlänge 1 cm.

a) Wie groß ist der Rauminhalt eines Würfelchens mit der Kantenlänge 1 cm?

____

b) Berechne den Rauminhalt V einer quaderförmigen Schachtel:
Länge a = 8 cm; Breite b = 6 cm; Höhe h = 3 cm. Wie viele Würfelchen passen hinein?

____

____

c) Wie viele der Zuckerwürfelchen würden in eine würfelförmige Schachtel mit der Kantenlänge 10 cm (also 1 dm) hineinpassen?

____

30 Umrechnung der Volumeneinheiten

Bei Aufgabe 29 Teilaufgabe c) hast du herausgefunden, dass in einen Würfel mit der Kantenlänge **10 cm** (also 1 dm) viele kleine Würfel mit der Kantenlänge 1 cm hineinpassen, nämlich **1000 Stück**. Bekommst du damit die Umrechnungszahlen heraus?

Welche Aussagen sind wahr? Kreise die richtigen Aussagen ein.

a) $1\,dm^3 = 1000\,cm^3$ $1\,dm^3 = 100\,cm^3$ $1\,dm^3 = 10\,cm^3$

b) $1\,cm^3 = 10\,mm^3$ $1\,cm^3 = 100\,mm^3$ $1\,cm^3 = 1000\,mm^3$

c) $1\,m^3 = 100\,dm^3$ $1\,m^3 = 1000\,dm^3$ $1\,m^3 = 10\,dm^3$

Ordne die Bezeichnungen jeweils richtig zu:
Kubikzentimeter – Liter – Kubikmillimeter – Kubikmeter – Milliliter – Kubikdezimeter

$1\,mm^3$: ____________________

$1\,cm^3$: ____________________

oder z. B. bei Flüssigkeiten/Gasen/Luft: ____________________

$1\,dm^3$: ____________________

oder z. B. bei Flüssigkeiten/Gasen/Luft: ____________________

$1\,m^3$: ____________________

31 Umrechnen von Einheiten

Rechne jeweils in die angegebene Einheit um.

a) $4000\,cm^3$ = ______________ dm^3 $70\,000\,mm^3$ = ______________ cm^3

b) $20\,dm^3$ = ______________ cm^3 $800\,cm^3$ = ______________ mm^3

c) $0{,}7364\,dm^3$ = ______________ l $7000\,ml$ = ______________ cm^3

d) $8472\,cm^3$ = ______________ dm^3 $7\,109\,869\,mm^3$ = ______________ dm^3

e) $43\,795\,cm^3$ = ______________ l $838\,ml$ = ______________ m^3

1 Kreise

Setze folgende Begriffe in die Lücken ein:

Abstand – Durchmesser – Ecken – Mittelpunkt – Radius – Sehne – Zirkel

Welche Besonderheiten hat ein Kreis? Zunächst hat ein Kreis keine ________________.

Deshalb braucht man einen ________________ , um Kreise zu zeichnen.

Dort, wo man mit der Zirkelnadel einsticht, ist der ________________ des Kreises.

Von diesem Punkt haben alle Punkte des Kreises den gleichen________________.

Diese Entfernung nennt man ________________. Eine ________________ entsteht,

wenn man zwei Kreispunkte miteinander verbindet. Eine Verbindung zweier Kreispunkte,

die durch den Mittelpunkt geht, heißt ____________. Er ist doppelt so groß wie der Radius.

2 Basiswissen zu Kreisen

a) Beschreibe, wie man einen Kreis mit dem Durchmesser 3 cm zeichnet.

b) Wie groß ist der Durchmesser d, wenn der Radius 4 cm beträgt?

c) Wie groß ist der Durchmesser d, wenn der Radius r beträgt?

3 Kreise im Koordinatensystem

Nimm ein kariertes Papier und zeichne dort ein Koordinatensystem ein (1 cm entspricht 1 Längeneinheit). Die Achsen sollte von −9 bis 9 reichen.

a) Zeichne einen Kreis um den Mittelpunkt M (0 | 0) mit dem Radius 4 cm und lies die Schnittpunkte des Kreises mit den Achsen ab.

b) Wie ändern sich die Koordinaten aus a), wenn du den Radius verdoppelst?

c) Wie ändern sich die Koordinaten aus a), wenn du den Durchmesser halbierst?

4 Kreise im Koordinatensystem

Nimm ein kariertes Papier und zeichne dort ein Koordinatensystem ein (1 cm entspricht 1 Einheit). Die Achsen sollte von −2 bis 6 reichen.

**a) Zeichne die Punkte A (0 | 1), B (0 | 4), C (2 | 0) ein.
Gelingt es dir, einen Kreis so zu zeichnen, dass alle drei angegebenen Punkte auf diesem Kreis liegen? Gib den Mittelpunkt des Kreises an.**

b) Wie groß ist der Radius des Kreises aus a)?

c) Wie lang ist die Sehne zwischen den Punkten A und B?

5 Radius und Durchmesser gesucht!

Zeichne auf ein kariertes Blatt Kreise um den angegebenen Mittelpunkt M, die durch den ebenfalls angegebenen Punkt P gehen (Koordinatensystem, 1 cm entspricht 1 Einheit). Gib jeweils Radius und Durchmesser an.

a) M (1 | 1), P (0 | 1): r = ______________________ ; d = ______________________

b) M (4 | 1), P (0 | 1): r = ______________________ ; d = ______________________

c) M (0 | 1), P (0 | 3): r = ______________________ ; d = ______________________

d) M (−3 | −4), P (0 | 0): r = ____________________ ; d = ______________________

6 Schnittpunkte

a) Zeichne in ein Koordinatensystem zwei beliebig große Kreise, die sich im Punkt (2 | 3) berühren. Wie viele weitere Kreise könntest du theoretisch zeichnen, die durch denselben Punkt (2 | 3) verlaufen?

b) Gesucht ist ein möglichst kleiner Kreis, der die x-Achse in den Punkten (2 | 0) und (6 | 0) schneidet. Gib seinen Mittelpunkt, seinen Radius und seinen Durchmesser an.

7 Begriffe rund um den Winkel

Vervollständige den Text.

Der Sekundenzeiger und der Minutenzeiger einer Uhr schließen einen bestimmten

______________________ ein, der sich ständig ändert, wenn sich die Zeiger drehen.

Allgemein kann man sagen: Ein Winkel wird von zwei ____________________ oder

______________________ eingeschlossen, die von einem gemeinsamen Anfangspunkt

ausgehen. Dieser Punkt heißt ___________________________ des Winkels.

Auch der größere der beiden entstandenen Winkel wird von den beiden Schenkeln

„eingeschlossen". Durch einen ___________________________ kann man anzeigen, ob man

den kleineren oder den größeren Winkel meint. Winkel bezeichnet man meist mit kleinen

___________________________ Buchstaben. Kennst du die Namen der folgenden Buchstaben?

α ________________; β ______________; γ ________________; δ ________________;

ε ________________.

8 Schnittwinkel bei Geraden

Zeichne zwei Geraden, die sich in einem Punkt schneiden. Benenne die entstehenden Winkel. Wie viele sind es? Wie heißt der Schnittpunkt der Geraden?

9 Bezeichnungen

Winkel kann man nicht nur mit griechischen Buchstaben bezeichnen, sondern auch durch die Angabe dreier Punkte, zwischen denen der Winkel liegt. Richtige Reihenfolge: **Punkt auf einem Schenkel – Scheitelpunkt – Punkt auf anderem Schenkel.**

Zeichne einen Winkel α = ASB mit $\alpha = 30°$. Die beiden Schenkel bilden noch einen weiteren, größeren Winkel β. Wie groß ist er? Hier musst du das Geodreieck mehrfach anlegen.

10 Rechte Winkel

a) Ein rechter Winkel hat die Winkelweite von 90°. Zeichne ein beliebiges Viereck mit vier rechten Winkeln. Kennst du die Bezeichnung für ein solches Viereck?

b) Wenn du ein Viereck mit vier rechten Winkeln zeichnen sollst, das vier gleich lange Seiten besitzt, was für ein besonderes Viereck zeichnest du?

11 Verschiedene Winkelarten zuordnen

Ordne den Begriffen der oberen Zeile der passenden Winkelgröße zu.

a) spitzer Winkel	b) stumpfer Winkel	c) rechter Winkel	d) über-stumpfer Winkel	e) gestreckter Winkel	f) Vollwinkel

1) 360°	2) 90°	3) 180°	4) größer als 0° und kleiner als 90°	5) größer als 180° und kleiner als 360°	6) größer als 90° und kleiner als 180°

12 Verschiedene Winkelarten

Zu welcher Winkelart gehören die angegebenen Winkel?

a)	$\alpha = 98°$	
b)	$\beta = 32°$	
c)	$\gamma = 90°$	
d)	$\delta = 0{,}5°$	
e)	$\varepsilon = 360°$	
f)	$\alpha = 290°$	
g)	$\delta = 180°$	

13 Geraden in einer Ebene

Erkläre die folgenden Begriffe möglichst genau:

a) Gerade: ______________________________

____

b) Zwei Geraden heißen **orthogonal/rechtwinklig/senkrecht** zueinander, wenn

____

____

____

c) Zwei Geraden heißen **parallel** zueinander, wenn ______________________________

____

____

14 Scheitelwinkel und Nebenwinkel I

Zeichne zwei sich schneidende Geraden.

a) Wie viele Winkel entstehen beim Schnittpunkt? ______________________________

b) Wie viele **unterschiedliche** Winkel entstehen beim Schnittpunkt? Markiere sie.

____

15 Scheitelwinkel und Nebenwinkel II

a) Welche beiden Winkel sind in Aufgabe 14 jeweils gleich groß?

____

b) Addiere die beiden benachbarten Winkel. Welches Ergebnis erhältst du?

____

Die gegenüberliegenden Winkel nennt man **Scheitelwinkel**, die benachbarten heißen **Nebenwinkel**.

Probiere durch Zeichnen eine Regel zu finden und vervollständige:

c) Addiert man zwei Nebenwinkel, erhält man immer ______________________.

d) Scheitelwinkel sind immer ______________________________.

16 Stufenwinkel und Wechselwinkel

Hier siehst du zwei parallele Geraden und eine weitere, die beide Parallelen schneidet. Findest du den Winkel α noch an anderen Stellen?

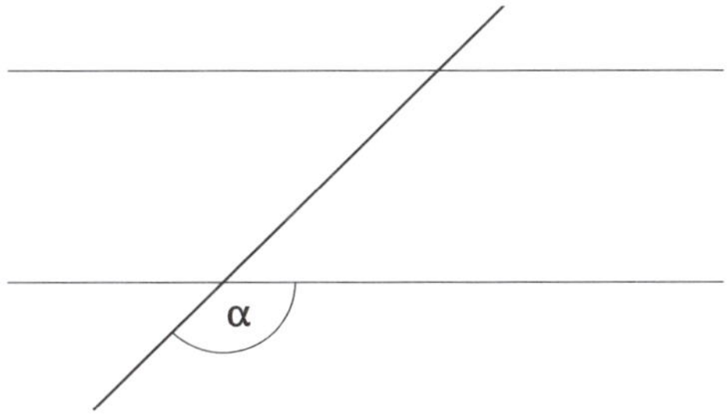

____

____

____

7./8. Klasse

1 Größen zuordnen

„Seit einer Woche gehe ich in die Schule. Auf dem Heimweg treffe ich immer meinen großen Bruder, dem ich dann viel zu erzählen habe, so dass wir **ganz langsam** sind. Nach ein paar Minuten müssen wir eine riesige Straße überqueren. Auf dem Heimweg ist die Schaltung gerade so, dass wir oft Rot haben und **lange stehen bleiben** müssen.
Meistens müssen wir uns danach ziemlich **beeilen**, sonst muss die Mama mit dem Essen so lange warten. Am Schluss müssen wir noch diesen Berg hoch, der furchtbar **steil** ist. Oben geht es nur noch ein kurzes Stück bergab. Da **rennen** wir. Geschafft!"

Lies am Punktediagramm die Informationen ab und beantworte damit die Fragen.

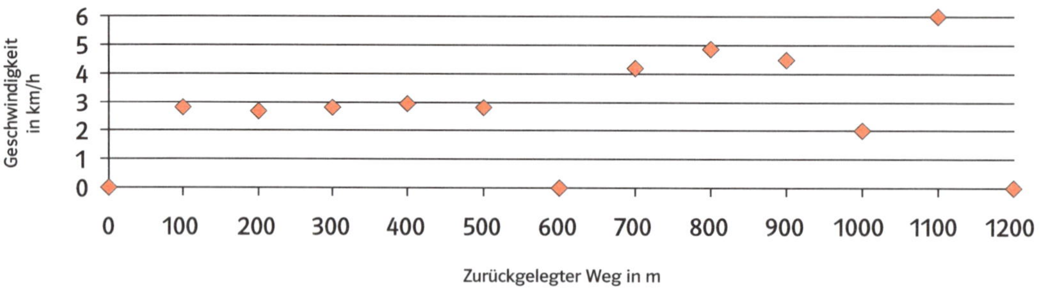

a) Wie lang ist Katis Schulweg insgesamt? ______

b) Nach wie vielen Metern bleiben sie an der Ampel stehen? ______

c) Welche Höchstgeschwindigkeit erreichen sie? ______

d) Warum ist ihre Geschwindigkeit nach 1000 m so niedrig? ______

e) Mit welcher durchschnittlichen Geschwindigkeit sind sie ungefähr unterwegs? ______

2 Größen zuordnen

Ordne der gegebenen Eingabegröße eine passende Ausgabegröße zu.
Es gibt immer mehrere Möglichkeiten, es reicht aber, jeweils eine anzugeben.

a) **Wettrennen:** Zurückgelegte Strecke in m → ______

b) **Baby:** Zeit in Wochen → ______

c) **Hausaufgaben:** Anzahl der Schulfächer → ______

d) **Klima:** Monat eines Jahres → ______

3 Rechenvorschrift und Tabellen

Welche Tabelle passt zu der Rechenvorschrift „Multipliziere die Startzahl mit 2 und addiere diesem Produkt 3 dazu"?

(A)

Startzahl x	0	1	2	3
Ergebnis	2	5	8	11

(B)

Startzahl x	0	1	2	3
Ergebnis	3	5	7	9

Finde einen Term, der die oben genannte Rechenvorschrift kürzer ausdrückt.

____

4 Schaubilder

Neben Rechenvorschrift und Tabelle kann man Zuordnungen auch durch Schaubilder darstellen. Dabei wird die Eingabegröße an der waagerechten Achse aufgetragen.

Verwende kariertes Papier. Fülle für die vorgegebene Rechenvorschrift die Tabelle aus und trage die Werte dann in ein Schaubild ein.

Zuordnung: Anzahl der gesendeten Nachrichten (sms) → Kosten in Euro
Rechenvorschrift: $0{,}15 \cdot x$ (x steht für die Anzahl der gesendeten Nachrichten)

x: Anzahl sms	0	1	2	3	4	5	6	7	8	9	10
Kosten in Euro											

5 Richtig oder falsch?

In Aufgabe 4 wurde einer Anzahl gesendeter Nachrichten die jeweils entstandenen Kosten in Euro zugeordnet.

Kreuze an, welche Aussagen auf die Zuordnung mit der Rechenvorschrift $0{,}15 \cdot x$ (x steht für die Anzahl der gesendeten Nachrichten) zutreffen und welche nicht.

	Richtig	Falsch
a) 500 Nachrichten kosten 75 €.	◯	◯
b) Es gilt: Je mehr sms, desto weniger Kosten.	◯	◯
c) Es gilt: Je weniger sms, desto weniger Kosten.	◯	◯
d) Es gilt: Je mehr sms, desto mehr Kosten.	◯	◯
e) Die Punkte des Schaubilds liegen auf einer Halbgeraden durch den Ursprung, wenn man sie verbindet.	◯	◯

6 Proportionale Größen

a) Ergänze:

Zwei Größen sind dann proportional zueinander, wenn ______________________

____

____.

b) Wenn bei einer Zuordnung *nicht* gilt: „Je mehr … desto mehr“, kann es sich dann trotzdem um eine proportionale Zuordnung handeln? Begründe.

____

____

____

7 Proportional oder nicht?

Sind die angegebenen Zuordnungen proportional oder nicht? Begründe. Berechne jeweils die fehlende Information, wenn möglich. (Dreisatz!)

a) Anzahl der Pferde → Menge des gefressenen Futters

Zwei Pferde fressen drei Schubkarren Heu pro Tag. Sechs Pferde fressen ______________

____

____

b) Anzahl der Kuchen → benötigte Backzeit

Die Backzeit eines Kuchens beträgt 60 min. Vier Kuchen brauchen ______________

____

____

c) Zeit in min → Anzahl der gefallenen Tore

Nach 10 min waren bereits drei Tore gefallen. Nach 20 min waren es ______________

____

____

8 Gemeinsam geht es schneller

Nach dem Schulfest im Hof gibt es 120 Gläser, die in die Küche gebracht werden müssen. Leider ist kein Tablett aufzufinden. Carina schafft in zwei Minuten sechs Gläser.

a) Wie lange würde sie allein für alle Gläser brauchen? ______________

b) Wie lange dauert es, wenn Flo, Markus und Zita helfen und die drei ebenso schnell arbeiten wie Carina?

____

c) Sie haben es letztlich in 5 Minuten geschafft! Wie viele haben Carina geholfen?

____

9 Antiproportionale Größen

Außer den proportionalen gibt es noch die **antiproportionalen** Zuordnungen.

a) Ergänze:

Zwei Größen sind dann antiproportional zueinander, wenn ______________________

____

____.

b) Wenn bei einer Zuordnung *nicht* gilt: „Je mehr... desto weniger“, kann es sich dann trotzdem um eine antiproportionale Zuordnung handeln? Begründe.

____

____

____

10 Teures Geburtstaggeschenk

Steve und Marc haben die Idee, Lisa zum Geburtstag das Computerspiel zu schenken, das sie sich schon lange wünscht. Es kostet 48,00 €. Wie viele beteiligen sich wohl?

a) Fülle die Tabelle aus.

Anzahl Schenkende:	2	3	4	6	8	12	16	24
Kosten pro Person in €								

b) Ist die Zuordnung „Anzahl der schenkenden Personen → Kosten pro Person in Euro“ proportional, antiproportional oder nichts davon? Begründe.

____

____

____

11 Proportional oder antiproportional?

Welche der folgenden Zuordnungen sind proportional (p), welche sind antiproportional (ap)?

	p	ap
a)		
b)		
c)		
d)		
e)		
f)		

a)

1. Wert	0,3	0,5	0,7	1,1	1,3	1,7
2. Wert	1	0,65	0,91	1,43	1,69	2,21

b) Anzahl der mit je 12 Flaschen gefüllten Sprudelkästen ⟶ Anzahl der Sprudelkästen

c)

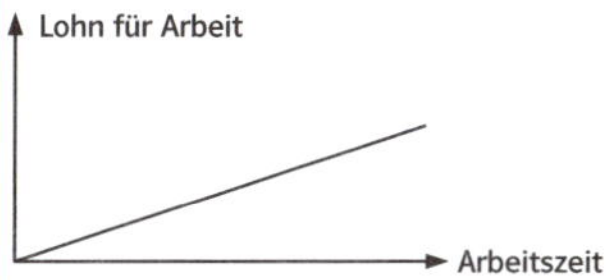

d) Pro Gast sind 3 Flaschen Getränk vorgesehen ⟶ Anzahl der Gäste doppelt so groß wie erwartet

e)

1. Wert	$\frac{4}{5}$	$\frac{5}{6}$	$\frac{8}{9}$	$\frac{10}{11}$	$\frac{28}{13}$	$\frac{16}{17}$
2. Wert	1	$\frac{24}{25}$	$\frac{9}{10}$	$\frac{22}{25}$	$\frac{13}{35}$	$\frac{17}{20}$

f)

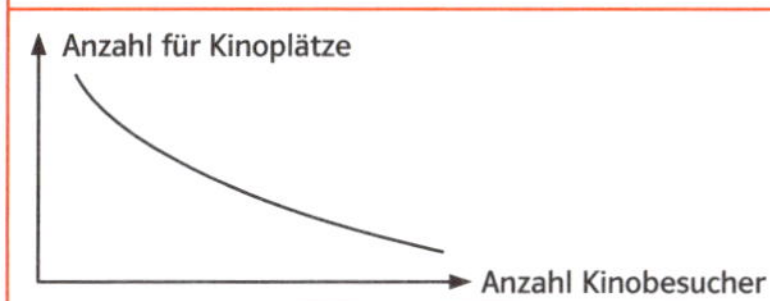

12 Einmal proportional – einmal antiproportional

a) Ergänze die Tabelle für eine proportionale Zuordnung und gib die Zuordnungsvorschrift an.

1. Wert	9					
2. Wert	0,225	0,175	0,15	0,1	0,0125	0,0175

b) Ergänze die Tabelle für eine antiproportionale Zuordnung.

1. Wert	9					
2. Wert	0,025	0,075	0,09	1,125	0,2025	2,25

13 Proportional oder nicht?

Kreuze die Zuordnungen an, die proportional sind.

		ja	nein
a)	Robert bekommt 40,00 € festes Taschengeld im Monat; pro Woche verdient er sich durch Erledigung von Sonderaufgaben in der Familie 5,00 € hinzu.	☐	☐
b)	Marc will die Vokabeln der neuen Fremdsprache von Anfang an gründlich lernen und hat sich deshalb ein eigenes Lernprogramm ausgedacht. Nach einer Woche kennt er 50 Vokabeln, nach zwei Wochen 100, nach drei Wochen 150 und so fort.	☐	☐
c)	Herr Scholz hat ein neues Auto, das er nur für die Fahrt zur Arbeit benutzen möchte. Nach der ersten Woche ist er 360 km gefahren, nach der zweiten Woche 720 km, nach der dritten Woche 1080 km und so weiter.	☐	☐
d)	Herr Scholz hat ein neues Auto, das er nur für die Fahrt zur Arbeit benutzen möchte. Nach der ersten Woche ist er 360 km gefahren, nach der zweiten Woche 720 km, nach der dritten Woche 1080 km, in der vierten Woche liegt er krank im Bett, ab der fünften Woche fährt er wieder zur Arbeit.	☐	☐
e)	Herr Scholz hat ein neues Auto, das er nur für die Fahrt zur Arbeit benutzen möchte. Nach der ersten Woche ist er 360 km gefahren, nach der zweiten Woche 720 km, nach der dritten Woche 1080 km. In der vierten Woche muss sich seine Frau abends das Auto ausleihen, weil ihres defekt ist. Ab der fünften Woche läuft alles wieder wie vorher.	☐	☐

14 Proportional oder nicht?

Entscheide, ob die folgenden Zuordnungen proportional sind. Falls nicht, begründe, warum keine Proportionalität vorliegt.

a) Seitenlänge eines Quadrates $\mapsto$ Flächeninhalt des Quadrates
b) Kantenlänge eines Würfels $\mapsto$ Volumen des Würfels
c) Seitenlänge eines Quadrates $\mapsto$ Umfang des Quadrates

15 Wie viele Eier – wie viele Kuchen?

Berechne die Anzahl der Kuchen.

Sieben Eier werden gebraucht, um den Teig für drei Kuchen herzustellen. Wie viele Kuchen lassen sich backen, wenn für den Teig 56 Eier verwendet wurden?
Überlege, wie sich die Aufgabe mit einem Zweisatz lösen lässt.

16 Wie viele Bäume für eine Allee?

Berechne die Anzahl der benötigten Bäume.

An jeden Straßenrand einer Allee passen fünf Bäume pro 12 m. Wie viele Bäume werden gebraucht, um eine 1,44 km lange Allee auf beiden Seiten mit Bäumen zu bepflanzen?
Überlege, wie sich die Aufgabe ohne Dreisatz lösen lässt.

17 Jede Menge Wasser

Berechne die benötigte Wassermenge.

88 l Wasser reichen zum Bewässern eines 4 m^2 großen Blumenbeetes. Wie viel Wasser wird gebraucht, um ein 1 ha großes Blumenfeld zu bewässern?

Tipp: $1\,l \triangleq 1\,dm^3 = 0{,}001\,m^3$
$1\,ha = 10\,000\,m^2$

18 Ameisen bauen Hügel

Mehrere hunderttausend Ameisen können fünf Ameisenhügel in 36 h bauen.

Wie viele Hügel können sie in 2,5 Tagen errichten?

19 Teigzutaten für wenige und viele Gäste

Für einen Muffinteig für sechs Gäste werden benötigt:
240 g Mehl; 60 g Speisestärke; 150 g Margarine; 3 Eier; 90 g Zucker; 30 g Kakao

a) Berechne die Zutaten, wenn Teig für vier Gäste vorgesehen ist.

b) Berechne die Zutaten, wenn der Teig für 10 Gäste reichen soll.

20 Drei Teiche werden mit Wasser gefüllt

Drei gemauerte Wasserbecken mit unterschiedlicher quadratischer Grundfläche $A_1 = 3600\,\text{cm}^2$, $A_2 = 6400\,\text{cm}^2$, $A_3 = 10\,000\,\text{cm}^2$ sollen alle mit gleicher Menge Wasser gefüllt werden. In A_1 wird so viel Wasser eingelassen, bis es 30 cm hoch steht.

Berechne die Wasserstandshöhen in den verschiedenen Becken.

21 Wie viel Preisnachlass ist nötig?

Mit 15 % Preisnachlass wird erreicht, dass Familie Paul 225,00 € bei ihrem Einkauf einspart.

Wie viel % Preisnachlass müssten gegeben sein, damit derselbe Einkauf eine Ersparnis von 375,00 € einbrächte?

22 Hunde und ihr Futter

Vier Hunde fressen an einem Tag zwölf Portionen Hundefutter.

Wie lange brauchen sechs Hunde für 54 Portionen?

1 Prozentuale Anteile von Größen

Schreibe wie im Beispiel und berechne.

Beispiel: 20 % von 500,00 €: 500,00 € · 0,2 = 100,00 €

a) 35 % von 85 l ______

b) 18,2 % von 666 g ______

c) 0,8 % von 75 km ______

d) 2,05 % von 8216 m ______

e) 125 % von 8 h ______

f) 68 % von 68 kg ______

2 Prozente sind Anteile von 100

Stelle in der Prozentschreibweise dar.

a) $\frac{4}{100}$ = ______

b) $\frac{60}{100}$ = ______

c) $\frac{3,8}{100}$ = ______

d) $\frac{0,4}{100}$ = ______

e) $\frac{250}{1000}$ = ______

f) $\frac{144}{100}$ = ______

g) $\frac{4,8}{10}$ = ______

h) $\frac{29}{10\,000}$ = ______

3 Für Prozente braucht man Zehnerpotenzen

Erweitere zunächst auf die nächste Zehnerpotenz und gib die Brüche anschließend in der Prozentschreibweise an. Rechne im Kopf.

a) $\frac{9}{25}$ = ______

b) $\frac{4}{125}$ = ______

c) $\frac{26}{50}$ = ______

d) $\frac{19}{250}$ = ______

e) $\frac{4,3}{500}$ = ______

f) $\frac{56}{40}$ = ______

g) $\frac{0,31}{5}$ = ______

h) $\frac{7}{1250}$ = ______

4 Von Brüchen zu Prozenten

Wandle die Brüche durch Division in Dezimalbrüche um und schreibe diese dann als Prozente.

a) $\frac{1}{25}$ = ______

b) $\frac{1,7}{50}$ = ______

c) $\frac{47}{5}$ = ______

d) $\frac{62}{40}$ = ______

e) $\frac{11,6}{125}$ = ______

f) $\frac{6,3}{1250}$ = ______

5 Den Prozentsatz berechnen

Trage den richtigen Prozentsatz ein. Gib sinnvoll gerundete Lösungen an.

Tipp: $\text{Prozentsatz} = \frac{\text{Prozentwert}}{\text{Grundwert}}$

a) 35,00 € sind ____________ % von 700,00 €

b) 42 l sind ____________ % von 960 l

c) 28 km sind ____________ % von 328 km

d) 10,5 h sind ____________ % von 210 h

e) 13,9 kg sind ____________ % von 640 kg

f) 73 ml sind ____________ % von 944 ml

6 Den Prozentsatz berechnen

Trage den ermittelten Prozentsatz ein. Runde sinnvoll.
Achte auf die veränderten Einheiten.

a) 25 m^2 sind ____________ % von 1 a

b) 30 dm^3 sind ____________ % von 150 l

c) 4,5 cm^3 sind ____________ % von 36 ml

d) 440 ha sind ____________ % von 8 km^2

e) 5,2 dm^3 sind ____________ % von 36 dm^3

f) 26 dm^2 sind ____________ % von 520 mm^2

7 Den Grundwert berechnen

Trage die fehlende Zahl ein. Gib sinnvoll gerundete Lösungen an.

Tipp: Grundwert = $\frac{\text{Prozentwert}}{\text{Prozentsatz}}$

a) 9,30 € sind 23 % von ____________ €

b) 18,4 l sind 35 % von ____________ l

c) 55 cm^3 sind 42 % von ____________ cm^3

d) 36 h sind 30 % von ____________ h

e) 99 kg sind 48 % von ____________ kg

f) 4,2 m sind 97 % von ____________ m

8 Den Grundwert berechnen

Trage die ermittelten Grundwerte ein. Runde sinnvoll.
Achte auf die veränderten Einheiten.

a) 87 ct sind 13 % von ____________ €

b) 44 ml sind 60 % von ____________ l

c) 48 dm^2 sind 19 % von ____________ m^2

d) 145 h sind 21 % von ____________ d

e) 33 s sind 45 % von ____________ min

f) 29,5 cm^3 sind 26 % von ____________ dm^3

9 Den Prozentwert berechnen

Trage die errechneten Größen in die rechte Spalte ein.

Tipp: Prozentwert = Grundwert · Prozentsatz

	Grundwert	Prozentsatz	Prozentwert
a)	640,00 €	20 %	
b)	300 g	15 %	
c)	42 km	3 %	
d)	84 kg	28 %	
e)	350 t	3,5 %	
f)	75 l	12,5 %	

10 Prozentsatz, Prozentwert und Grundwert

Berechne die fehlenden Werte. Wenn nötig, runde sinnvoll.

	Grundwert	Prozentsatz	Prozentwert
a)	1260,50 €		100,84 €
b)		4,5 %	1,17 l
c)	369 km	12,3 %	
d)	9005 g		5673,15 g
e)		19,6 %	10,78 dm
f)	10 115,3 s	44 %	

11 Vermehrter (erhöhter) Grundwert

Fülle die freien Tabellenkästchen aus. Runde sinnvoll.

	vermehrter Grundwert	Prozentsatz	ursprünglicher Prozentwert
a)	132,00 €	3,8 %	
b)	763 g	16,4 %	
c)	1398 m	11,2 %	
d)	566 l	0,6 %	
e)	54 dm	4,07 %	
f)	6,8 t	3,5 %	

12 Verminderter (reduzierter) Grundwert

Fülle die freien Tabellenkästchen aus. Runde sinnvoll.

	verminderter Grundwert	Prozentsatz	ursprünglicher Prozentwert
a)	99,95 €	3,85 %	
b)	45,55 g	1,04 %	
c)	7,74 km	6,33 %	
d)	865 ml	0,8 %	
e)	69 dm	4,6 %	
f)	833 kg	8,2 %	

13 Einen Preisnachlass berechnen

Ein CD-Laden hat Ausverkauf. Alle CDs sind enorm reduziert. Wie viel Prozent spart der Käufer im Vergleich zum ursprünglichen Preis? Runde auf volle Prozente.

	ursprünglicher Preis	reduzierter Preis	Preisnachlass in %
a)	19,00 €	14,60 €	
b)	12,80 €	9,90 €	
c)	24,95 €	16,95 €	
d)	6,90 €	4,95 €	
e)	39,95 €	25,50 €	

14 Mehrwertsteuer überschlagen

Überschlage zunächst den Aufpreis durch die Mehrwertsteuer. Rechne anschließend genau. Runde sinnvoll.

19 % Mehrwertsteuer verteuert jede Rechnung um fast 20 %.
20 % eines Preises lassen sich leicht im Kopf berechnen.

	Preis	geschätzte MWSt	genaue MWSt
a)	380,00 €		
b)	1026,00 €		
c)	19,90 €		
d)	148,50 €		
e)	22 100,00 €		
f)	1 260 320,00 €		

15 Preisangebote

Wer wird den Auftrag bekommen?

Zwei Sanitärbetriebe bewerben sich um einen Auftrag bei Familie Moll. Die Firma „Rohrbruch“ nennt einen Nettopreis von 5700,00 € für die Badrenovierung; die Firma „Pitschpatsch“ möchte brutto 6700,00 € für die gleichen Arbeiten.

Für wen wird sich Familie Moll entscheiden?

16 Preisreduzierung

Welchen Denkfehler hat Marlis gemacht? Stelle richtig.

Alles muss raus! Räumungsverkauf!
Angebot: 1. Tag: alle Produkte 50 % reduziert.
2. Tag: auf die Reste der reduzierten Produkte nochmals 70 % Nachlass.
Marlis ruft ihre Freundin an und berichtet ihr, dass sie bis zum zweiten Tag mit dem Kauf von Schuhen (im ursprünglichen Preis von 80,00 €) warten wolle. Wenn sie Glück habe, seien die Schuhe dann noch da, kosteten nichts mehr und sie bekäme sogar noch 16,00 € heraus.
Die Freundin überlegt einen Augenblick und meint: „Marlis, Marlis, das kann ich wirklich nicht glauben!“

Was kosten die Schuhe wirklich am zweiten Tag?

17 Preissteigerung

Der Preis für ein ursprünglich 6,98 € teures Produkt ist in den letzten 4 Jahren jährlich um 8 % gestiegen. Der Preis für ein gleichwertiges Produkt war 4 Jahre lang konstant geblieben, erhöhte sich dann aber mit einem Schlag um 32 %. Darüber waren die Kunden sehr empört, während sie die Preissteigerung des 1. Produktes stillschweigend in Kauf genommen haben. Kommentar einer Verkäuferin: „Wie sich die Leute doch bluffen lassen."

Vergleiche.

18 Preisangebote

Vergleiche die Angebote.

Für einen Fernseher schlägt der Hersteller einen Preis von netto 550,00 € vor (d. h. ohne 19 % Mehrwertsteuer). Jeder Händler hat das Recht, den Preis selbst zu variieren. Hier drei Angebote:

a) 5 % Rabatt und die Mehrwertsteuer übernimmt der Händler.

b) 24 % Rabatt plus 19 % Mehrwertsteuer.

c) 19 % Preisnachlass plus Mehrwertsteuer. Fines Kommentar: „Dann kostet der Fernseher doch 550,00 €!"

19 Finderlohn

Wie viel Geld war in dem Portemonnaie?

Tom und Jan finden im Gebüsch ein Portemonnaie mit viel Geld. Sie sind ehrlich und geben es im Fundbüro ab. Dort wird ihnen ein Finderlohn von 8 % zugesagt, falls der Besitzer des Geldes sich meldet. Nach fünf Wochen ruft das Fundbüro an und sagt, sie könnten sich den Finderlohn von 120,00 € abholen. Tom und Jan freuen sich riesig.

20 Mehrwertsteuererhöhung

Berechne die Kostenerhöhung durch eine angehobene Mehrwertsteuer.

Vor mehr als einem Jahr wurde die Mehrwertsteuer von 16 % auf 19 % erhöht. Familie Ronn hatte ihr Haus noch kurz vor der Verteuerung renovieren lassen. Familie Senn musste ein Jahr später folgende Rechnungen bezahlen:

Badrenovierung: 6664,00 €
3 Räume streichen: 928,00 €
neuer Teppichboden im ganzen Haus: 3991,26 €
neue Küche: 9282,00 €

a) Wie hoch wären die Rechnungen ohne Mehrwertsteuer gewesen?

b) Wie viel Geld hat Familie Ronn gegenüber der Familie Senn gespart durch die Renovierung vor der Mehrwertsteuererhöhung?

21 Einkaufspreis

Wie viel Geld sparen die Freundinnen?

Melanies Vater hat einen angesagten Kleiderladen. Melanies beste Freundinnen bekommen dort alle Waren zum Einkaufspreis. Der liegt 40 % unter Ladenpreis.
Sie zahlen für eine Jeans nur 27,00 €, für ein T-Shirt nur 15,60 €, für einen Rock nur 17,40 € und für eine Jacke nur 22,20 €.

a) **Wie teuer sind die Kleidungsstücke, wenn man sie im Laden regulär kauft?**

b) Ramona hat sich mit Melanie verkracht und darf jetzt nicht mehr so günstig einkaufen wie ihre Schwester Lisa. Allerdings erhält Ramona mit 160,00 € auch mehr Taschengeld als Lisa, die $\frac{1}{4}$ weniger Taschengeld bekommt.
Für welche der Schwestern bleibt nach dem Einkauf mehr vom Taschengeld übrig und wie viel?

22 Brutto- und Nettopreise

Die Werte in der linken Spalte enthalten 19 % Mehrwertsteuer (Bruttopreise), die in der rechten Spalte sind Nettopreise. Berechne die fehlenden Preise. Runde hierbei angemessen.

Bruttopreise	Nettopreise
753,27 €	
1162,63 €	
1456,56 €	
14 226,45 €	

Bruttopreise	Nettopreise
	455,50 €
	1963,60 €
	12 544,20 €
	3030,30 €

23 Tageszinsen – Monatszinsen – Jahreszinsen

Das Kapital wird mit 5,4 % verzinst. Berechne die Tageszinsen, die Monatszinsen und die Jahreszinsen. Runde angemessen.

	Kapital	Tageszinsen	Monatszinsen	Jahreszinsen
a)	3850,00 €			
b)	512,00 €			
c)	57112,00 €			
d)	68,22 €			

24 Zinsen für bestimmte Zeiträume

Berechne die Zinsen für 7 Tage, für 3,5 Monate und für 2 Jahre bei einem Zinssatz von 4,9 %.

	Kapital	Zinsen (7 Tage)	Zinsen (3,5 Monate)	Zinsen (2 Jahre)
a)	936,80 €			
b)	2554,40 €			
c)	13103,60 €			
d)	67,01 €			

25 Allerlei Zinssätze

Herr Moll überlegt, wie viel es ihn kostet, wenn er – statt für 4 Monate einen preiswerten Kredit zu beantragen – sich lieber für diese Zeit mit Dispositionskredit und Kontoüberziehung behilft.
Sein Dispositionskredit liegt bei 3500,00 €. Herr Moll braucht für 4 Monate 7800,00 €. Kredite kosten unterschiedlich viel Zinsen. Ein günstiger Kredit ist für einen Zinssatz von 4,45 % zu haben. Der Zinssatz für den Dispositionskredit eines Kontos kann bei 13,75 % liegen, der für die Überziehung des Kontos sogar bei 17,75 %. Wie kann Herr Moll am besten sparen?

Rechne auf einem Extra-Blatt.

26 Wucherzinsen?

Vergleiche die Zinssätze, die Jan und Frau Zinn zahlen müssen.

a) Jan leiht sich bei Janina 38,00 € für zwei Monate aus und muss ihr anschließend 41,00 € zurückzahlen.

b) Frau Zinn muss zu einem privaten Geldverleiher gehen, weil die Bank ihr kein Geld mehr leiht. Sie muss unbedingt 8500,00 € haben, die sie erst in vier Monaten zurückzahlen kann. Der Geldverleiher verlangt 9123,33 € von ihr zurück.

27 Zinssätze

Marlene leiht sich 2800,00 € von einem flüchtigen Bekannten. Er verspricht ihr günstigere Zinsen. Zahlt sie nach 1 Monat zurück, muss sie 49,00 € Zinsen zahlen; behält sie das Geld 2 Monate, hat sie 56,00 € pro Monat zu zahlen. Will sie das Geld für 6 Monate haben, so verlangt er insgesamt 392,00 € Zinsen von ihr.

Wie hoch sind die jeweiligen Zinssätze?

28 Zinsenzinsen

Es gibt die Möglichkeit, Geld immer nur für 3 Monate anzulegen, um es dann – zusammen mit den bis dahin erlangten Zinsen – wieder für 3 Monate anzulegen.
Die Brüder Tim und Tom haben 15 000,00 € und legen diese zuerst für 3,8 % an, im nächsten Vierteljahr für 3,95 %, in weiteren 3 Monaten für 4,05 % und schließlich für 4,12 %.

Wie viele Zinsen haben sie nach einem Jahr erhalten?

29 Zinseszinsen

Lies dir die Aufgabenstellung von Aufgabe 28 noch einmal durch.

Wie müsste der Zinssatz sein, damit sie für die Anlage der 15 000,00 € für ein Jahr dieselben Zinsen bekämen?

1 Negativ oder positiv?

Wer im Winter schon mal einen Wetterbericht gehört hat, weiß: Es gibt negative Zahlen! Die negativen Zahlen ohne Komma bilden zusammen mit den natürlichen Zahlen und der Null* die so genannten **ganzen Zahlen**.

Schreibe die Zahlen jeweils in die richtige Spalte. (Mehrfachnennungen erlaubt!)

9769 4 6,4 −9 12

0 −7986 1000 −2 17 1

−1 000 097 −15 12,9382 −7 0,4

Negative Zahlen	Natürliche Zahlen	Ganze Zahlen

* In manchen Büchern wird die Null nicht zu den natürlichen Zahlen gezählt. Wenn du dir nicht sicher bist, frage deinen Lehrer, wie es bei dir gehandhabt wird.

2 Ganze Zahlen auf dem Zahlenstrahl

Um zu entscheiden, ob eine Zahl größer ist als eine andere, kann man ihre Positionen am Zahlenstrahl vergleichen: die Zahl, die auf dem Zahlenstrahl weiter rechts liegt, ist die größere.

Erstelle auf Karopapier einen 10 cm langen Zahlenstrahl und trage die angegebenen Zahlen ein. Achte auf eine geeignete Einteilung.

−7 −10 −4 −2 3 5 −1 0 9

3 Kleiner oder Größer?

Vergleiche jeweils die Zahlenpaare und setze < oder > in die Lücken.

a) −8 ___ −9 | −100 ___ −1000 | −1 ___ 0

b) 5 ___ 6 | −199 ___ 200 | 10 ___ −10

c) −17 ___ −16 | 10 000 ___ −100 000 | −31 ___ −32

d) 31 ___ 32 | 3 ___ 2 000 000 | −100 ___ 99

Welche Zahl liegt auf dem Zahlenstrahl genau so weit von der 0 entfernt wie −3?

4 Temperaturen

a) Diese Temperaturen (in Grad Celsius) wurden alle am gleichen Wintertag gemessen. Ordne sie der Größe nach. Beginne mit dem niedrigsten Wert.

Berlin: −8°	München: −11°	Köln: 1°	Mainz: −1°
Hamburg: −3°	Hannover: −5°	Freiburg: 0°	Kiel: −2°
Frankfurt: −2°	Essen: −4°	Jena: −6°	Bonn: 2°

b) Wo war es am kältesten? Wo am wärmsten?
Wie groß war der Unterschied zwischen der höchsten und der niedrigsten Temperatur?

5 Richtig oder falsch?

Notiere, welche Aussagen richtig sind und berichtige die falschen.

a) Positive Zahlen sind manchmal größer als negative.

___

b) −5 ist größer als −2, da 5 ja auch größer ist als 2.

___

c) Das Vorzeichen darf man nur bei positiven Zahlen (und der Null) weglassen.

___

6 Addieren von ganzen Zahlen

Theo ist ein Liftboy in einem großen Hotel in Frankfurt am Main. Er begleitet Gäste, wenn sie den Lift benutzen.
Wie viel Stockwerke legt Theo jeweils zurück, wenn er …

a) … Herrn Wichtig vom 5. Stock in das Erdgeschoss bringt?

___

b) … Maria und Herrmann Urlaub von der Tiefgarage im 2. Untergeschoss zu der Saunalandschaft im 12. Stock begleitet?

___

c) … Frau Weitblick aus der Luxussuite im 16. Stock zu ihrer Massage im 1. Untergeschoss fährt?

___

7 Einnahmen – Ausgaben

Welcher Term passt zu welcher Aussage? Verbinde. Welche Aufgaben fallen dir schon leicht und bei welchen musst du noch überlegen?

Aussage
a) Frau Schuftig hatte gestern noch einen Kontostand von −32 €, aber heute hat sie 460 € überwiesen bekommen.
b) Karl hat 460 € auf seinem Konto. Er kauft sich eine DVD-Box für 32 €.
c) Eva kauft ein neues Fahrrad für 460 €. Allerdings bekommt sie 32 € zurückerstattet, da der Fahrradkorb defekt ist.
d) Herr Schlucker hat bei der Bank 460 € Schulden. Dann muss er auch noch die Telefonrechnung in Höhe von 32 € bezahlen.

Term
(1) −460 € + 32 €
(2) −32 € + 460 €
(3) −460 € − 32 €
(4) 460 € − 32 €

8 Positive Zahlen am Zahlenstrahl

Ergänze den Text.

Das Addieren und Subtrahieren einer positiven Zahl kann man sich am Zahlenstrahl veranschaulichen. Z. B. bei dem Term $-4+6$ sieht das so aus: Man startet bei −4 und geht um 6 Einheiten nach ____________, da man die 6 addiert. So „landet" man bei ____________. Neu ist bei den ganzen Zahlen, dass der Startwert ein ____________ Vorzeichen haben kann und dass beim Rechnen die ____________ überschritten werden kann. Bei dem Term $10-18$ geht man vom Startwert 10 aus um ____________ Einheiten nach ____________, da man 18 subtrahiert. Das Ergebnis muss ein ____________ Vorzeichen haben, da ____________.

9 Über die Null beim Subtrahieren

Die Lösung ist negativ, wenn der Minuend größer ist als der Subtrahend.

a) $14 - 7 =$ ______ $7 - 14 =$ ______ $73 - 45 =$ ______

b) $293 - 300 =$ ______ $1343 - 1342 =$ ______ $1 - 19 =$ ______

c) $192 - 189 =$ ______ $12 - 24 =$ ______ $3 - 4 =$ ______

d) $17 - 37 =$ ______ $39 - 130 =$ ______ $56 - 74 =$ ______

10 Über die Null beim Addieren

Die Lösung ist negativ, wenn der Subtrahend größer als der Summand ist.

a) $-14 + 16 =$ ______ $-45 + 40 =$ ______ $-1 + 2 =$ ______

b) $-193 + 301 =$ ______ $-301 + 301 =$ ______ $-17 + 3 =$ ______

c) $-210 + 10 =$ ______ $-354 + 360 =$ ______ $-35 + 64 =$ ______

d) $-78 + 39 =$ ______ $-39 + 78 =$ ______ $-5 + 15 =$ ______

11 Geschicktes Rechnen

Berechne. Was fällt dir auf? **14 − 17** **−17 + 14** **−(17−14)**

____

____

Nutze deine Entdeckung und berechne vorteilhaft im Kopf:

a) $-63+83=$ ______ $-254+54=$ ______ $43-75=$ ______

b) $-34+14=$ ______ $-21+43=$ ______ $-622+42=$ ______

c) $-(19-49)=$ ______ $-(12-54)=$ ______ $-(76-100)=$ ______

12 Negative Zahlen am Zahlenstrahl

Fülle die Lücken aus.

Das Addieren und Subtrahieren einer negativen Zahl kann man sich – wie schon bei den positiven Zahlen – ebenfalls am **Zahlenstrahl** vorstellen.

Vorüberlegungen:

$9-2=$ ______ $9-1=$ ______ $9-0=$ ______ $9-(-1)=$ ______

$-6+2=$ ______ $-6+1=$ ______ $-6+0=$ ______ $-6+(-1)=$ ______

Wir betrachten die letzte Spalte und stellen uns die Rechnung am Zahlenstrahl vor.

Zuerst $9-(-1)=10$ **(Subtraktion einer negativen Zahl)**: Man startet bei 9 und geht um 1 Einheit nach ______, da die Differenz offenbar immer ______ wird, wenn der Subtrahend abnimmt.

Bei $-6+(-1)=-7$ **(Addition einer negativen Zahl)** verhält es sich gerade andersrum: Man geht vom Startwert −6 aus um eine Einheit nach ______, da die Summe immer ______ wird, wenn man den zweiten Summanden verkleinert.

13 Subtrahieren

Berechne im Kopf. Beachte: Nur einige Ergebnisse sind negativ. Überrascht?

a) $9-(-9)=$ ______ $18-(-9)=$ ______ $27-(-9)=$ ______

b) $6-(-6)=$ ______ $6-(-5)=$ ______ $6-(-4)=$ ______

c) $-7-(-14)=$ ______ $-7-(-7)=$ ______ $-7-(-0)=$ ______

d) $-13+(-13)=$ ______ $-13-(-13)=$ ______ $-13+(-10)=$ ______

e) $-54-(-50)=$ ______ $-54+(-50)=$ ______ $-54+(-4-50)=$ ______

14 Vom Text zum Term

Erstelle einen passenden Term und berechne die Lösung. (Tipp: Eine Differenz berechnest du, indem du die kleinere von der größeren Zahl abziehst.)

a) Subtrahiere die Differenz der Zahlen 28 und 17 von der Differenz von 102 und 99.

______

Lösung:

b) Subtrahiere die Summe von 54 und 72 von der Differenz der Zahlen −28 und −63.

______

Lösung:

15 Vom Term zum Text

Berechne die Lösung und gib den Term als sprachlichen Ausdruck an.

a) $(39-15)-(39+73)$

b) $(24+(-89))-(76-45)$

16 Rechenregeln

Wie du schon weißt, haben **negative Zahlen** ein **Minus als Vorzeichen** und **positive Zahlen** ein **Plus**, wobei man das positive Vorzeichen weglassen kann. Wenn wir nun mit diesen Zahlen addieren und subtrahieren, benötigen wir zudem noch die **Rechenzeichen Minus und Plus.** Das ist zunächst sicher ungewohnt, aber es gibt zum Glück Regeln, die das „Zusammentreffen" von Vorzeichen und Rechenzeichen vereinfachen:

Jeweils drei Satzteile (aus jeder Spalte eins) gehören zusammen. Welche?

a) Rechenzeichen + trifft auf Vorzeichen +	e) daraus wird das Rechenzeichen −	i) Beispiel: $16+(-4)=16-4$
b) Rechenzeichen + trifft auf Vorzeichen −	f) daraus wird das Rechenzeichen +	j) Beispiel $99-(+9)=99-9$
c) Rechenzeichen − trifft auf Vorzeichen +	g) daraus wird das Rechenzeichen +	k) Beispiel: $22-(-8)=2+8$
d) Rechenzeichen − trifft auf Vorzeichen −	h) daraus wird das Rechenzeichen −	l) Beispiel: $10+(+7)=10+7$

17 Terme vereinfachen

Vereinfache die folgenden Terme und berechne das Ergebnis. Berücksichtige dabei die Regeln aus Aufgabe 16.

a) $25-(+15)+(-2)-(-82)+(+54)-(+72)+(-70)-(-18)$

= ______________________________

b) $99+(-39)-(-39)-(+87)-(-28)+(+62)-(+101)-(-9)$

= ______________________________

18 Bankrott bist du flott…

Svenja und Gerri spielen gern das Brettspiel *Bankrott bist du flott*. Es gibt **Guthaben-Felder** und **Schulden-Felder**.
Auf einem **Guthaben-Feld** bekommt man eine **grüne Karte**, auf der z. B. steht: „Glückwunsch! Die Firma läuft gut. Du bekommst 10 000 € auf dein Konto überwiesen."
Bei einem **Schulden-Feld** bekommt man eine **rote Karte** mit einem Text wie „Schade, ein guter Kunde ist abgesprungen. Zahle 5 000 € an die Bank."
Am Ende des Spiels muss jeder Mitspieler seinen endgültigen Kontostand berechnen. Gewonnen hat der Spieler mit dem höchsten Kontostand.

Gerri hat insgesamt **13 grüne Kärtchen**: zwei mit 10 000 €, drei mit 5000 €, sieben mit 2000 € und eins mit 15 000 €. Seine **sieben roten Kärtchen** sind so verteilt: auf drei roten Kärtchen steht der Betrag 15 000 €, dann hat er noch zwei mit 2500 €, eins mit 10 000 € und eins mit 5000 €.

Auf drei von Svenjas **zehn grünen Kärtchen** steht der Betrag 1000 €, auf vier grünen Kärtchen steht 15 000 € und auf den restlichen sind 5000 € eingetragen. Sie hat **14 rote Karten**; sechs mit 2000 €, drei mit 10 000 €, vier mit 5000 € und eine mit 15 000 €.

a) Schätze zuerst, wer wohl gewonnen hat. Berechne dann die endgültigen Kontostände von Gerri und Svenja. Stelle dafür geeignete Terme auf.

____

____

____

b) Wer von beiden hat nun tatsächlich gewonnen? Vergleiche mit deiner Schätzung. Wie groß ist der Unterschied zwischen den beiden Kontoständen?

____

____

____

19 Punktrechnung mit ganzen Zahlen

Verbinde die Kästchen (aus jeder Spalte ein Kästchen), die zusammengehören.

a) + mal + bzw. + geteilt durch + …	e) … gibt −	i) z. B.: $10 \cdot 4 = 40$ bzw. $20 : 4 = 5$
b) + mal − bzw. + geteilt durch − …	f) … gibt −	j) z. B.: $7 \cdot (-9) = -63$ bzw. $100 : (-20) = -5$
c) − mal + bzw. − geteilt durch + …	g) … gibt +	k) z. B.: $(-12) \cdot (-8) = 96$ bzw. $(-64) \cdot (-16) = 4$
d) − mal − bzw. − geteilt durch − …	h) … gibt +	l) z. B.: $(-10) \cdot 4 = -20$ bzw. $(-8) : 2 = -4$

Fazit: Multipliziert oder dividiert man zwei Zahlen mit **gleichem Vorzeichen**, ist ihr Produkt bzw. der Quotient ____________________ ; multipliziert oder dividiert man zwei Zahlen mit **unterschiedlichem Vorzeichen**, ist ihr Produkt bzw. der Quotient ____________________ .

20 Kopfrechnen

Berechne die Ergebnisse im Kopf.

a) $9 \cdot (-3) =$ ______________ $(-9) \cdot (-3) =$ ______________ $(-9) \cdot 3 =$ ______________

b) $81 : (-9) =$ ______________ $(-81) : 9 =$ ______________ $(-81) : (-9) =$ ______________

c) $32 : 4 =$ ______________ $(-32) : 4 =$ ______________ $(-32) : (-4) =$ ______________

d) $(-4) \cdot 12 =$ ______________ $4 \cdot (-12) =$ ______________ $(-4) \cdot (-12) =$ ______________

e) $(-7) \cdot (-7) =$ ______________ $7 \cdot 7 =$ ______________ $(-7) \cdot (-7) : (-7) =$ ______________

21 Punkt vor Strich – erinnerst du dich?

Du erinnerst dich noch an die Rechengesetze und die Rechenregeln bei natürlichen Zahlen, z. B. an die Regel „Punkt vor Strich"? Gut, denn bei den ganzen Zahlen gelten diese Regeln auch. Hier sind ein paar Aufgaben, an denen du dein Erinnerungsvermögen testen kannst. Falls du dir nicht ganz sicher bist, gehe die entsprechenden Aufgaben noch einmal durch.

Berechne.

a) $(-7) \cdot 8 - 84 =$ ______

b) $89 + 12 \cdot (-9) =$ ______

c) $(-1) \cdot 2 - (-1) =$ ______

d) $(-35) + (-35) : (-1) =$ ______

e) $(-24) + (-6) \cdot (-4) =$ ______

f) $39 \cdot (-10) + 1 =$ ______

g) $(-4) + (-8) : 2 =$ ______

h) $78 : 3 - (-24) =$ ______

i) $80 + (-7) : 7 =$ ______

22 Klammern haben Vorfahrt

Auch hier gelten die Rechenregeln der natürlichen Zahlen. Kannst du sie noch?

a) $(-4) \cdot (9 + 12) =$ ______

b) $2 \cdot 9 - (-5 - 35) =$ ______

c) $86 : ((-4) : 2) =$ ______

d) $(-17) - (-24 + (-13)) \cdot (-1) =$ ______

23 Vereinfachen von Termen

Diese Terme sind ziemlich „verschachtelt". Gelingt es dir, sie zu vereinfachen und ihren Wert zu berechnen?

a) $((-45)-(-5)):(2+(+3)) =$ ______

b) $15+((-36):(-3)):4 =$ ______

c) $(20-(-8))-(-76-24-5\cdot(-12)):2 =$ ______

d) $21-(-35-25-(36-(+12))):(-12)\cdot 3 =$ ______

24 Gute Vorzeichen!

Bestimme zuerst das Vorzeichen (VZ) der Ergebnisse, dann findest du das Endergebnis leichter, indem du nur die Zahlenwerte ohne das Vorzeichen von links nach rechts multiplizierst bzw. dividierst.

a) $(-5)\cdot 6\cdot(-9):2\cdot(-5)\cdot(-1)\cdot 4:100\cdot(-2)\cdot(-10):(-60)\cdot 2 =$ ______

b) $(-15)\cdot(-10)\cdot 2\cdot(-3):9:(-5)\cdot(-10)\cdot 2\cdot(-10):(-10):(-40) =$ ______

c) $9:(-3)\cdot(-100):(-50)\cdot(-20):(-40)\cdot(-3)\cdot 5:(-9)\cdot(-10):(-5) =$ ______

25 Zahlenrätsel I

Jana, Jona und Juno spielen „Ich denke mir eine Zahl". Findest du die Lösung?

a) Jana: „Wenn ich die gedachte Zahl mit −4 multipliziere und zu dem Ergebnis −12 addiere, erhalte ich −4."

b) Jona: „Meine gedachte Zahl dividiere ich durch −5. Wenn ich nun von dem Ergebnis −13 subtrahiere, erhalte ich 10."

c) Juno: „Die gedachte Zahl multipliziere ich mit −4 und das Ergebnis teile ich durch −1. Ich erhalte eine Zahl, die doppelt so groß ist wie das Doppelte der gedachten Zahl."

26 Zahlenrätsel II

a) Stelle zu den Rätseln in Aufgabe 25 Terme auf. Verwende x als Platzhalter.

b) Warum ist Junos Aufgabe nicht eindeutig und hat viele Lösungen?

27 Zahlenreihen

Setze die Zahlenreihen fort. Notiere die Rechenvorschriften.

a) 3; 6; 12; 24; 48; ____________ Vorschrift: ____________

b) 4; 1; −2; −5; −8; ____________ Vorschrift: ____________

c) −146; −138; −130; ____________ Vorschrift: ____________

d) 4; −4; 4; −4; 4; ____________ Vorschrift: ____________

e) 3; −30; 300; ____________ Vorschrift: ____________

28 Die Trekking-Tour

Annika und Hannes machen mit den Pfadfindern eine Trekking-Tour. Sie sind mit dem Zelt unterwegs und stellen abends beim Lagerfeuer fest, dass die heutige Tagestour besonders anstrengend war.
Hannes überlegt: „Also, eigentlich ist das komisch, dass wir so geschafft sind heute – wir sind bei der Haldenhütte gestartet, und die ist immerhin 1090 m hoch gelegen, und jetzt sind wir beim Fischbach auf 730 m. Das ist doch viel weiter unten!"
Annika meint: „Aber darauf kommt es ja eigentlich gar nicht an!"

a) Was meint Annika damit? Wie groß ist die Höhenmeterdifferenz insgesamt?

____

____

____

Sie schauen auf der Karte nach: „Aha", meint Hannes, „da waren wir heute also schon: Zuerst sind wir hoch auf den Kälberpass (1150 m), dann ging es rasant runter nach Himmelsdorf (810 m), dann kam der steile Aufstieg auf den Hornbuckel (1220 m). Und am Schluss mussten wir noch das Fischbachtal (690 m) durchqueren, bevor wir hier zum Rastplatz kamen." „Wahnsinn", meint Annika, „kein Wunder, dass die Würstchen heute doppelt so gut schmecken wie sonst!"

b) Wie viele Höhenmeter hat die Gruppe heute insgesamt zurückgelegt? Wie viele davon waren Anstieg, wie viele Abstieg?

____

29 Magisch oder nicht?

Überprüfe, ob die Zahlenquadrate magische Quadrate sind. Schreibe die magische Summe unter das Quadrat, falls es eine gibt:

a)

−10	0	16	−2
10	−14	0	8
12	2	−8	−2
−8	16	−4	0

b)

56	−28	2	−22
−74	−16	26	72
30	8	−10	−20
−4	44	−10	−22

30 Zauberquadrate im Quadrat?

Prüfe nach, ob Zauberquadrate vorliegen und gib die magische Summe an.
Füge die vier Quadrate zu einem großen Quadrat zusammen. Ist es ein Zauberquadrat?

−2	−9	−4
−7	−5	−3
−6	−1	−8

−4	3	−2
1	−1	−3
0	−5	2

−7	0	−5
−2	−4	−6
−3	−8	−1

−2	5	0
3	1	−1
2	−3	4

1 Terme vereinfachen

Vereinfache die Terme.

a) $5a + 3a - 4a =$ ______

b) $37a^2 + 11a - 25a^2 =$ ______

c) $19ab - 13a + 4b - 19ab =$ ______

d) $101b^2 + 61b - 51b^2 + 9b =$ ______

e) $14cx - 25cx + 11c - 9xc =$ ______

2 Terme zusammenfassen

Fasse die Terme so weit wie möglich zusammen.

a) $3ab \cdot 15a^2b - 4a^2b \cdot 16ab^2 =$ ______

b) $5mnx \cdot 5mnx^2 - 5mn \cdot 5x =$ ______

c) $13v^3w^3 \cdot 4vw - 68v^4w^4 =$ ______

d) $9axp \cdot 9bxp + 11axp \cdot 11bxp =$ ______

e) $12am \cdot 12bm + 3bm \cdot 4am =$ ______

3 Terme dividieren

Führe die Divisionen durch.

a) $39a^2b^4 : 3a^2b^3 =$ ______

b) $52m^2n^2s^2 : 13mns =$ ______

c) $121u^2f^3y^4 : 11u^2f^3y^4 =$ ______

d) $64abx : 16x =$ ______

e) $999p^2q^5 : 111p^5q^2 =$ ______

4 Terme multiplizieren

Multipliziere aus.

a) $63\,lam \cdot 3\,alm =$ ______

b) $9\,p \cdot 19\,p^2 \cdot 3\,p =$ ______

c) $7\,vam \cdot 11\,mav \cdot 3\,vma =$ ______

d) $140\,vlh^2 \cdot 3\,v^2lh \cdot 5vl^2h =$ ______

e) $601\,de^2 \cdot 3\,d^2e^2 \cdot 4\,d^2e =$ ______

5 Terme mit Brüchen zusammenfassen

Fasse so weit wie möglich zusammen.

a) $\frac{3}{25}msv + \frac{7}{25}msv + \frac{11}{25}msv + \frac{4}{25}msv =$ ______

b) $\frac{1}{9}st^2 + \frac{5}{18}s^2t - \frac{4}{9}st^2 - \frac{7}{18}s^2t =$ ______

c) $\frac{1}{2}pq + \frac{1}{4}pq - \frac{1}{8}pq - \frac{1}{24}pq =$ ______

d) $\frac{4}{15}o^2 + \frac{4}{75}o^2t + \frac{9}{30}o^2 - \frac{4}{45}o^2t =$ ______

e) $\frac{9}{11}v^2s^2 - \frac{4}{33}v^2s^2 + \frac{6}{55}v^2s + \frac{7}{66}v^2s =$ ______

6 Terme mit Brüchen zusammenfassen

Fasse so weit wie möglich zusammen.

a) $\frac{1}{2}xp^2 \cdot \frac{2}{3}x^2p - \frac{5}{6}xp^2 \cdot \frac{12}{15}x^2p =$ ______

b) $\frac{3}{8}mno \cdot \frac{8}{3}mno - o^2n^2m^2 =$ ______

c) $\frac{11}{5}x^2u^2s^2 \cdot \frac{25}{44\,x^2u^2s^2} - \frac{5}{4} =$ ______

d) $\frac{36}{49}k^3d^3 \cdot \frac{7}{6}kd + \frac{6}{7}k^4d^4 =$ ______

e) $\frac{23}{45}cdef \cdot \frac{90\,ef}{46\,cd} + e^2f^2 =$ ______

7 Terme mit Dezimalbrüchen vereinfachen

Vereinfache durch Zusammenfassen.

a) $8{,}4u + 9{,}6uv - 3{,}7u - 4{,}2uv =$ ______

b) $11{,}6am - 3{,}6a^2m - 3{,}4am + 11{,}3a^2m =$ ______

c) $9{,}99e^2o^2 - 4{,}44e^2o^2 + 101{,}01eo - 5{,}55e^2o^2 =$ ______

d) $26{,}3qrs^2 + 8{,}64qrs - 8{,}64qrs^2 =$ ______

e) $6{,}91x^2pf^2 - 3{,}84xp^2f + 4{,}06x^2pf^2 =$ ______

8 Terme mit Dezimalbrüchen vereinfachen

Vereinfache wieder durch Zusammenfassen.

a) $16{,}44xm \cdot 1{,}2xm + 4{,}8xm \cdot 0{,}2xm =$ ______

b) $8{,}03pli \cdot 0{,}83pli + 1{,}02lpi \cdot 0{,}04lpi =$ ______

c) $205{,}11u^2p^2 \cdot \frac{3{,}8}{u^2p^2} + 4u^2p^2 =$ ______

d) $0{,}3xyz \cdot 0{,}3xyz - 0{,}09z^2y^2x^2 =$ ______

e) $72{,}2pz^2 \cdot 0{,}6zp^2 + 31{,}4p^3z^3 =$ ______

9 Terme vereinfachen

Vereinfache die folgenden Terme, indem du so weit wie möglich zusammenfasst.

a) $(a+b) - (b-a) - (-b+a) + (-a-b) =$ ______

b) $3{,}8z^2 - 1{,}2z + 2{,}7z - 11{,}3z^2 - 8z =$ ______

c) $\frac{3}{5} - \left(\frac{1}{10} - \frac{1}{5}a\right) + \frac{7}{10}a =$ ______

d) $6pqr^2 - 19p^2q^2r^2 + 23pqr^2 + 26p^2q^2r^2 =$

10 Gleiche Terme

Unterstreiche alle Terme, die – nach entsprechender Umformung – gleich sind.

a) $8a + 16b =$ ______

b) $-2(4a - 8b) =$ ______

c) $\frac{1}{2}(16a + 32b) =$ ______

d) $(256b + 128a)\frac{1}{16} =$ ______

e) $-(8a - 16b) =$ ______

f) $4(2a + 4b) =$ ______

g) $\frac{1}{12}(144a + 192b) =$ ______

h) $16b - (-8a) =$ ______

11 Wo liegt der Fehler?

In allen Aufgaben sind Fehler gemacht worden. Finde sie und schreibe den Term richtig auf.

a) Multipliziere aus.

$-\frac{1}{3}(9a - 81b) = -3a - 27b =$ ______

b) Faktorisiere.

$54a^2 \cdot b + 36ab + 18 = 18(3a^2b + 2ab) =$ ______

c) Löse auf.

$(mn + 4)^2 = m^2n^2 + 16 =$ ______

12 Klammer mal Klammer

Multipliziere aus und fasse zusammen.

a) $5x \cdot (x+9) \cdot (x-2) =$ ____________________

b) $(3b-2) \cdot (5+3b) \cdot 3 =$ ____________________

c) $(3+a) \cdot (5+a) \cdot (7+a) =$ ____________________

d) $(4a+1) \cdot (6a+2) \cdot (3a+4) =$ ____________________

e) $(2x+4y) \cdot (8x-3y) \cdot 6 =$ ____________________

13 Ergebnisse zuordnen

Multipliziere aus und fasse anschließend so weit wie möglich zusammen. Ordne dein Ergebnis dem passenden vorgegebenen Ergebnis unten zu.

a) $(8a-3b) \cdot (2a+9b) =$ ____________________

b) $5 \cdot (6a+1{,}5b) - 3 \cdot (2{,}5a-4b) =$ ____________________

c) $(6a+b) \cdot (0{,}5a+b) + (0{,}25a+4b) \cdot (8a+0{,}25b) =$ ____________________

d) $(a+12b) \cdot (3a-2b) \cdot 4 - 6 \cdot (a-12b) \cdot (3a+2b) =$ ____________________

(A) $22{,}5a+19{,}5b$	(B) $5a^2+38{,}5625ab+2b^2$	(C) $-6a^2+340ab+48b^2$	(D) $16a^2+66ab-27b^2$

14 Ausklammern/Faktorisieren

Klammere so weit wie möglich aus.

a) $24x^3 - 8x^2 =$ ____________________

b) $44u^6v^6 + 11u^7v^7 =$ ____________________

c) $63 + 81a^2 =$ ____________________

d) $220e^4 + 330e^4f =$ ____________________

e) $99u^3 - 198u^2 + 297u =$ ____________________

15 Ausklammern/Faktorisieren

Faktorisiere so weit wie möglich.

a) $\frac{1}{9}u^2 - \frac{4}{9}u =$ ____________________

b) $\frac{1}{3}a^2b^2 + \frac{1}{9}a^2b + \frac{1}{6}ab^2 =$ ____________________

c) $95axy + 190bxy + 95 =$ ____________________

d) $1{,}8pqr + 3{,}6pqr + 5{,}4pqr + 9pqr =$ ____________________

e) $\frac{a^2}{u} + \frac{b^2}{u} + \frac{c^2}{u} =$ ____________________

16 Und noch einmal Ausklammern/Faktorisieren

Klammere so weit wie möglich aus.

a) $24x^3 - 8x^2 + 72x^4 =$ ____________________

b) $64m^2 - 16mn =$ ____________________

c) $25v^6w^6 + 75v^4w^4 + 5v^3w^4 =$ ____________________

d) $\frac{1}{7}fg^2 + \frac{3}{7}fg^2 - \frac{5}{7}f^2g^2 =$ ____________________

e) $3a^2 + 9ab + 6ab^2 =$ ____________________

17 Hier ist mehr zu tun

Faktorisiere.
Beachte, dass du manchmal erst die Summenschreibweise mittels binomischer Formeln in die Produktschreibweise umformen musst.

a) $(u+v)^2\,(u-v)^2 + (u+v)\,(u-v) =$ ____________________

b) $(2a-2b)\,(2a+2b) + 2(a-b) + 2(a+b) =$ ____________________

c) $m^2 + 2mn + n^2 + (m^2-2mn+n^2)\,(m+n) =$ ____________________

d) $4x^2 + 4xy + y^2 + 4x^2 - y^2 =$ ____________________

18 Binomische Formeln

Löse die binomischen Formeln auf.

a) $(3 + s)^2 =$ ____________________

b) $(t - 4)^2 =$ ____________________

c) $(2u + w)^2 =$ ____________________

d) $(p - 6q)^2 =$ ____________________

e) $\left(\frac{1}{2}a - m\right)^2 =$ ____________________

f) $\left(b + \frac{1}{3}n\right)^2 =$ ____________________

19 Lösungen zuordnen

Ordne die richtigen Lösungen zu.

a)	$(5 - 6a)^2$
b)	$9a^2 + 6a + 1$
c)	$(6a + 5)^2$
d)	$2\,(4a + 1)^2$
e)	$9a^2 - 6a + 1$
f)	$\frac{1}{2}(4a + 1)^2$

(A)	$32a^2 + 16a + 2$
(B)	$(3a - 1)^2$
(C)	$25 - 60a + 36a^2$
(D)	$8a^2 + 4a + \frac{1}{2}$
(E)	$(3a + 1)^2$
(F)	$36a^2 + 60a + 25$

20 Umgang mit der dritten binomischen Formel

Berechne.

a) $9a^2 - 81b^2 =$ ______

b) $\left(\frac{1}{2}a + \frac{1}{2}\right)\left(\frac{1}{2}a - \frac{1}{2}\right) =$ ______

c) $49 - 121u^2 =$ ______

d) $(1{,}1u - 1{,}1v)(1{,}1u + 1{,}1v) =$ ______

e) $1{,}69m^2 - 1{,}69 =$ ______

f) $\frac{1}{4}p^2 - \frac{1}{16}q^2 =$ ______

21 Übungen zu binomischen Formeln

Verwandle die binomischen Formeln.

a) $(0{,}9e + 0{,}3f)^2 =$ ______

b) $0{,}81e^2 - 0{,}09f^2 =$ ______

c) $7\left(\frac{1}{7}s - \frac{1}{7}t\right)^2 =$ ______

d) $\frac{1}{36}a^2 - \frac{1}{36}b^2 =$ ______

e) $289x^2 - 34xy + y^2 =$ ______

22 Binomische Formeln helfen beim Faktorisieren

Klammere aus unter Zuhilfenahme binomischer Formeln.

a) $2a^2 + 4ax + 2x^2 =$ ______

b) $20u^2 + 40uy + 45y^2 =$ ______

c) $3 - 6b + 3b^2 =$ ______

d) $0{,}5e^2 + e + 0{,}5 =$ ______

23 Ausklammern

Klammere aus.

a) $15a - 45a + 30ab$ = ____________________

b) $24x^2y^3z + 144x^2y^3z^4 - 12x^2y^3z^2$ = ____________________

c) $\frac{2}{5}m^4n^4 + \frac{6}{5}m^2n^3 + \frac{2}{25}m^3n^2$ = ____________________

d) $(x+3)(x-3) + x^2 - 9$ = ____________________

24 Ausgesprochen hilfreich

Berechne das Ergebnis zunächst mit dem Taschenrechner. Überlege dann, wie du die jeweilige Zahl unter Zuhilfenahme binomischer Formeln so in eine Summe zerlegen kannst, dass du es gut im Kopf berechnen könntest.

a) 21^2 = ____________________

b) 39^2 = ____________________

c) 102^2 = ____________________

d) 199^2 = ____________________

e) 52^2 = ____________________

25 Geometrische Darstellung

Wähle $a = 3\,\text{cm}$ und $b = 2\,\text{cm}$.
Stelle den Sachverhalt: $(a+b)^2 = a^2 + 2ab + b^2$ zeichnerisch unter Verwendung der Längenmaße für a und b dar.

26 Wann ist alles Null?

Faktorisiere, falls nötig. Gib an, bei welchen Zahlen der Term Null wird.

a) $9x^2 + x =$ ____________________

b) $(x-4)^2 =$ ____________________

c) $x(2x-0{,}5) =$ ____________________

d) $x\left(x-\frac{1}{3}\right) =$ ____________________

e) $(x-5)(5+x) =$ ____________________

f) $12x^2 + 3x - 24x^2 =$ ____________________

27 Einsetzen

Setze in alle Terme nacheinander ein:
$x = 0$ und $y = 0$; $x = 1{,}5$ und $y = 3$; $x = -2{,}5$ und $y = -0{,}1$
und berechne dann mit dem Taschenrechner.

a) $30xy^2 - 15x + 23y =$ __________ ; __________ ; __________

b) $0{,}3xy^2 - 4{,}2x + 6{,}8y =$ __________ ; __________ ; __________

c) $x^3y^3 + 9xy^2 + 9xy =$ __________ ; __________ ; __________

d) $2\frac{3}{4}x^3y^3 - 1\frac{1}{6}x^4y^2 + 5\frac{5}{8}x^4y^3 =$ __________ ; __________ ; __________

28 Fehlende Terme ergänzen

Ergänze in den freien Kästchen den fehlenden Term.

a) $\square \cdot 4a^2b^3c = 24a^2b^5c^2$

b) $12x^4y^4z^2 : \square = 3xyz$

c) $\frac{1}{2}m^5n^3o^4pq \cdot \square = \frac{1}{8}m^6n^4o^4p^2q^2$

d) $0{,}25k^2lm^4 \cdot \square = 8k^5l^4m^4$

29 Fehlende Terme ergänzen

Ergänze in den freien Kästchen den fehlenden Term.

a) $(a+4b)\,\square = 12a^2b + 48ab^2$

b) $\square \cdot (x^2y^2 - 25x) = 3x^3y^4z^3 - 75x^2y^2z^3$

c) $7pq\left(\square + 3\right) = 14p^6q^6 + 21pq$

d) $\left(uvw + \square\right)\left(\square + 5\right) = u^2v^2w^2 + 5uvw + 3u^3vw + 15u^2$

30 Fehlende Terme ergänzen

Ergänze in den freien Kästchen den fehlenden Term.

a) $\square\,(12ab - 10a^2b + 30ab^2) = 60a^2b^2 - 50a^3b^2 + 150a^2b^3$

b) $(3m+n)\,\square = 3m^2 + 10mn + 3n^2$

c) $45p^2q^2 - 35p^3q^3 + 55p^3q^2 = 5p^2q^2 \cdot \square$

d) $5e + 50 + ef + 10f = (5+f) \cdot \square$

31 Fehlende Terme ergänzen

Ergänze in den freien Kästchen den fehlenden Term.

a) $16a^2 - 24ab\,\square\,\square = (\square\,\square\,\square)^{\square}$

b) $49p^2\,\square\,\square + 81q^2 = (\square + \square)^{\square}$

c) $(\square\,\square\,\square)(\square\,\square\,\square) = 25x^2 - 625y^2$

d) $\square - 32mn\,\square\,\square = (\square\,\square\,\square)^{\square}$

32 Welcher Term passt zur Aussage?

Kreuze jeweils den Term an, der die Textaussage wiedergibt. Gib anschließend den Wert des passenden Terms an. Runde das Ergebnis auf zwei Nachkommastellen.

Dividiere die Summe der Zahlen 13,5 und 48 durch die Differenz des Quadrates von 15 und 46.

☐ [A] $13{,}5 + 48 : 15^2 - 46^2 =$ ____________________

☐ [B] $(13{,}5 + 48) : 15^2 - 46^2 =$ ____________________

☐ [C] $(13{,}5 + 48) : (15 - 46)^2 =$ ____________________

☐ [D] $13{,}5 + 48 : 15 - 46^2 =$ ____________________

33 Klammern setzen

Damit das Ergebnis stimmt, müssen Klammern gesetzt werden.

a) $24 \cdot 6 - 6 + 8 = 8$

b) $24 : 6 - 6 \cdot 3 + 2 = -26$

c) $3 + x \cdot 3 + 2 \cdot 5 + x = 5x + 19$

d) $u + v \cdot u - v = u^2 - v^2$

e) $2x + 2y \cdot 2x + 2y = 4x^2 + 8xy + 4y^2$

34 Vereinfachen ohne Klammern

Berechne oder vereinfache die Aufgaben aus Aufgabe 33 ohne Klammersetzung.

a) $24 \cdot 6 - 6 + 8 =$ ____________________

b) $24 : 6 - 6 \cdot 3 + 2 =$ ____________________

c) $3 + x \cdot 3 + 2 \cdot 5 + x =$ ____________________

d) $u + v \cdot u - v =$ ____________________

e) $2x + 2y \cdot 2x + 2y =$ ____________________

35 Multiplikation

Vereinfache die Bruchterme. Denke dabei ans Kürzen.

a) $\frac{16a^2 \cdot 25b^2}{5b \cdot 4a}$

b) $\frac{ay}{bx^2} \cdot b^2x^2$

c) $\left(\frac{-6y}{2}\right)^2$

d) $\frac{15m^2n^2}{64mn^2} \cdot \frac{16m^2n}{45mn}$

36 Multiplikation

Vereinfache die Bruchterme.

Tipp:
- Aus einer Summe darf nicht gekürzt werden.
- Nimm die binomischen Formeln zu Hilfe.

a) $\frac{16a^2}{x+y} \cdot \frac{8(x+y)}{64a}$

b) $\frac{y}{(a-b)(a+b)} \cdot \frac{a^2-b^2}{y-1}$

c) $\frac{(m-n)^2 \cdot (m^2-n^2)}{m^2+2mn+n^2}$

d) $(5-b)^2 \cdot \frac{b^2+b}{25b-b^3}$

37 Division ist auch nicht schwer

Vereinfache. Denke ans Kürzen und an die Multiplikation mit dem Kehrbruch.

a) $\frac{x}{8} : \frac{1}{4}$

b) $28ax : \frac{7x}{8a^2}$

c) $\frac{9m^2 18n}{15pq} : \frac{81mn}{25p^2q^2}$

d) $\left(\frac{a}{b} : \frac{11}{b}\right) : \frac{b^2}{77}$

38 Vorsicht Falle!

Vereinfache.

Tipp:
- Aus einer Summe darf nicht gekürzt werden.
- Bruchstrich ersetzt die Klammern.
- Achte auf binomische Formeln.

a) $\frac{3a+4b}{5} : \frac{4b+3a}{75}$

b) $\frac{x-y}{x+y} : \frac{y+x}{x-y}$

c) $\frac{3(r-s)}{49(r-s)} : \frac{9(r^2-s^2)}{(r-s)\cdot 7}$

d) $(25u^2-20uv+4v^2) : \frac{(5u-2v)^2}{130u^2v^2}$

39 Veränderung und Vereinfachung

Schreibe die folgenden Bruchterme als Summe bzw. als Differenz aus einer Zahl und einem Bruchterm.

a) $\frac{9+3m^2}{6m^2}$

b) $\frac{-2x^2+4}{x^2}$

c) $\frac{-(2a+2)(a-1)+a^2}{1-a^2}$

d) $\frac{-b-6-(b+6)^2}{b^2}$

40 Kennst du noch Doppelbrüche?

Vereinfache.

a) $\frac{\frac{3m+4n}{30}}{\frac{4n+3m}{180}}$

b) $\frac{\frac{p+q}{p-q}}{\frac{p-q}{p+q}}$

c) $\frac{16u^2-8u+1}{\frac{(4u-1)^2}{u^2v^2}}$

d) $\frac{\frac{c-b}{b}}{bc-b^2}$

41 Hauptnenner suchen

Fasse zusammen.

a) $\frac{5}{3-4a} - \frac{-3}{3-4a}$

b) $\frac{25a^2-23a+5}{a-1} + \frac{-24a^2+22a-5}{a-1}$

c) $-\frac{(2x+3)^2}{24y} + \frac{(3x+2)^2}{16y}$

d) $\frac{x^2+3}{15x} - \frac{x^2-3}{45x}$

42 Hauptnenner suchen

Addiere bzw. subtrahiere die Bruchterme.

a) $\frac{-16}{p+4} + \frac{16p}{p^2+8p+16} =$

b) $\frac{5{,}5}{3m+3} - \frac{5{,}5}{5+5m} =$

c) $9a+1 - \frac{8}{3a+3} =$

d) $\frac{8}{x-y} - \frac{9}{x+y} =$

43 Den fehlenden Term ergänzen

Ergänze in den freien Kästchen den fehlenden Term.

a) $\frac{28a^4b}{44b^4a} = \frac{7a^3}{\square}$ b) $\frac{\square}{x^2-y^2} = \frac{(x-y)}{(x+y)}$ c) $\frac{4mn}{7pq} = \frac{\square}{21mpq+14npq}$

44 Lösungsmengen angeben

Gib zu den Gleichungen die Lösungsmengen an. Bestimme immer erst die Definitionsmenge, um auszuschließen, dass sich eine Lösung einschleicht, die nicht sein darf.

Tipp: Null im Nenner ist tabu!

a) $\frac{4}{z} = \frac{2}{z}+6$ b) $\frac{8x+4}{x+2} = 4$

c) $\frac{8y}{y-4} = \frac{32}{y-4}$ d) $4+\frac{2}{2y-1} = \frac{4y}{2y-1}$

45 Bruchgleichungen und binomische Formeln

Bei der Hauptnennersuche sind oft binomische Formeln gefragt. Löse folgende Bruchgleichungen. Denke an die Definitionsmenge.

a) $\frac{2+4x}{x+2} - \frac{4x+8}{x+2} = \frac{1}{(x+2)^2}$

b) $\frac{x^2+6x+9}{x+3} + \frac{x^2-6x+9}{x-3} = 0$

c) $\frac{3}{x-1} + \frac{3}{x+1} = \frac{6}{x^2-1}$

46 Gleichungen aufstellen

Stelle zunächst die passenden Gleichungen auf und löse sie anschließend.

a) Wenn man zu Zähler und Nenner des Bruches $\frac{7}{15}$ dieselbe Zahl addiert, so erhält man $\frac{5}{9}$. Wie heißt die Zahl?

b) Subtrahiere vom Nenner des Bruches $\frac{12}{23}$ eine gesuchte Zahl. Dann erhältst du das Ergebnis $\frac{2}{3}$.

c) Addiere zum Zähler des Bruches $\frac{4}{9}$ eine Zahl und subtrahiere dieselbe Zahl vom Nenner dieses Bruches. Dann erhältst du seinen Kehrwert.

47 Tierpaare

Berechne das Alter der Tiere.

a) Maxis großer Hund ist drei Mal so alt wie der kleine.
Zusammen sind sie so alt wie Maxis Urgroßvater, der gerade seinen 84. Geburtstag feiert.
Beachte: Ein Hundejahr wird mit sieben Menschenjahren gleichgesetzt.

b) Das gleichaltrige Papageienpaar ist zusammen 2,5 Mal so alt wie ihr 36 jähriger Besitzer.

48 Ganz schön alt!

Finde das jeweilige Alter heraus.

a) Schildkröten können über hundert Jahre alt werden. Im Zoo einer Stadt leben vier Schildkröten. Die jüngste ist ein Viertel so alt wie die älteste; die zweitjüngste ist doppelt so alt wie die jüngste und die zweitälteste ist drei Mal so alt wie die jüngste. Zusammen ergibt sich ein Alter von 360 Jahren.

b) Im Hause von Familie Fritze leben vier Generationen. Die Urgroßmutter ist 21 Jahre älter als der Großvater; der ist 24 Jahre älter als sein Sohn. Dessen Tochter ist 5 Jahre alt. Alle zusammen sind 197 Jahre alt.

49 Einfaches Zahlenrätsel

Finde die gesuchte Zahl.

a) Subtrahierst du die Summe der ersten acht Primzahlen von x, so erhältst du das Dreifache der fünften Primzahl.

b) Subtrahiere 8 vom Fünffachen von x, so erhälst du das Siebenfache von 6.

50 Eine gesuchte Zahl und ihre Nachbarn

Ermittle die unbekannte Zahl.

a) Subtrahiere von einer gesuchten Zahl das Dreifache ihres Vorgängers und das Fünffache ihres Nachfolgers. Als Ergebnis erhältst du das Siebenfache der gesuchten Zahl.

b) Addiere zur gesuchten Zahl ihre vier Nachfolger und subtrahiere ihre zwei Vorgänger. Dann ergibt sich 46.

51 Drei Zahlen musst du finden

Ermittle die noch unbekannten Zahlen.

a) Die erste ist zwölf Mal so groß wie die zweite und die dritte ist ein Zwölftel der zweiten. Zusammen ergeben sie 157.

b) Die erste ist ein Drittel der zweiten und die dritte Zahl ist um 7 größer als die zweite. Zusammen ergeben sie Null.

52 Zahlensuche

Finde die Zahl und ihren Vorgänger.

a) Vergrößere eine Zahl um 10 und ihren Vorgänger um 11, so ergibt das Produkt der beiden Zahlen Null.

b) Dividiere eine Zahl durch 5 und ihren „Nachnachfolger“ durch 6, so ergibt sich als Summe das Quadrat von 2.

53 Für den kleinen und den großen Hunger

Wie viele kleine und wie viele größere Portionen wurden bestellt?

a) In einem Eiscafe wird eine Großbestellung aufgegeben. 97 Kugeln Eis, verteilt auf 27 Portionen. Die Portionen bestehen je aus entweder drei oder vier Kugeln.

b) Bei einem Festessen für 34 Personen gibt es 2-Gänge und 3-Gänge-Menüs. Insgesamt muss die Küche 98 einzelne Gänge bereitstellen. Wie viele Gäste wählen das 3-Gänge-Menü, wie viele nur das 2-Gänge-Menü?

54 Zahlensuche

Wie lautet die gesuchte Zahl?

a) x wird verdreifacht, dann durch 4 dividiert, dann zu 29 addiert. Diese Summe wird vom Achtfachen von x subtrahiert und es ergibt sich Null.

b) x ist die mittlere Ziffer einer dreistelligen Zahl, deren Quersumme 7 ist. Die erste Ziffer ist 2, die dritte Ziffer doppelt so groß wie die erste.

55 Zahlensuche

Wie heißt die Zahl?

a) Bei einer zweistelligen Zahl ist die Zehnerziffer doppelt so groß wie die Einerziffer. Dividiert man die Zahl durch 4, so erhält man 21.

b) Eine zweistellige Zahl hat die Quersumme 8. Vertauscht man beide Ziffern der zweistelligen Zahl, so ist die neue Zahl um 36 größer als die erste.

56 Tierrennen

a) Ein Zebra wittert die herannahende Gefahr durch einen anschleichenden Geparden und rennt mit einer Geschwindigkeit von 120 $\frac{km}{h}$ los, obwohl der Gepard noch 800 m entfernt ist. Als das Zebra zur Flucht ansetzt, rennt auch der Gepard los mit einer Geschwindigkeit von 140 $\frac{km}{h}$.

Nach wie vielen Metern hat der Gepard das Zebra eingeholt?

b) Ein ungewöhnliches Hunderennen sorgt für viel Spaß bei den Hundebesitzern. Im ersten Durchlauf treten ein Mops und ein Windhund gegeneinander an. Der Mops „rennt" mit maximal 5 $\frac{km}{h}$, der Windhund mit ca. $\frac{110\,km}{h}$. Der Mops bekommt 15 Minuten Vorsprung. Runde das Ergebnis sinnvoll auf volle Sekunden.

Wie lange braucht der Windhund, bis er den Mops eingeholt hat?

57 Wann findet die Begegnung statt?

Lisa und Tina, die 2,5 km auseinander wohnen, wollen sich entgegengehen. Lisa nimmt ihre Inlineskater, während Tina wegen eines Gipsfußes Krücken benutzen muss. Beide gehen um 14.00 h los. Lisa schafft 15 $\frac{km}{h}$, Tina nur 1,5 $\frac{km}{h}$.

a) **Wann treffen die Freundinnen aufeinander? Runde dein Ergebnis sinnvoll auf Minuten.**

b) **Wie viel Wegstrecke haben Lisa und Tina zurückgelegt, als sie sich treffen? Drücke dein Ergebnis in m bzw. km aus.**

1 Wie heißt die Funktionsvorschrift?

Gib zu den abgebildeten Graphen der linearen Zuordnung $x \mapsto y$ die jeweils zugehörige Gleichung an, mit der sich der y-Wert berechnen lässt.

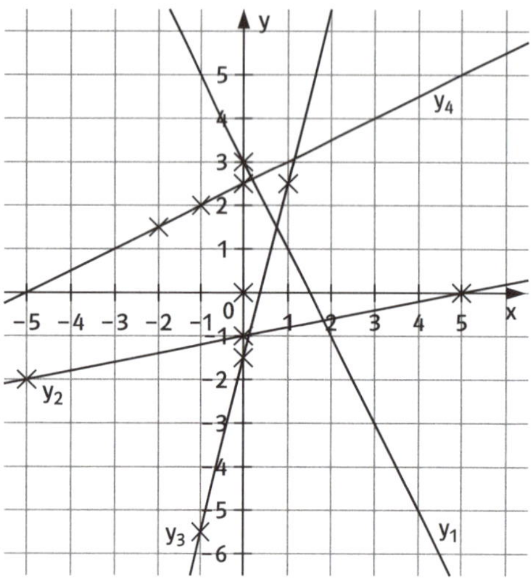

y_1 = ______________________________

y_2 = ______________________________

y_3 = ______________________________

y_4 = ______________________________

2 Funktionen und Funktionsgraphen

Ordne richtig zu.

Zum Graphen von a) gehört: (______) (A) $y = \frac{1}{2}x + 3$

Zum Graphen von b) gehört: (______) (B) $y = -\frac{3}{4}x + 1$

Zum Graphen von c) gehört: (______) (C) $y = 2{,}5x - 3$

Zum Graphen von d) gehört: (______) (D) $y = -x + 6$

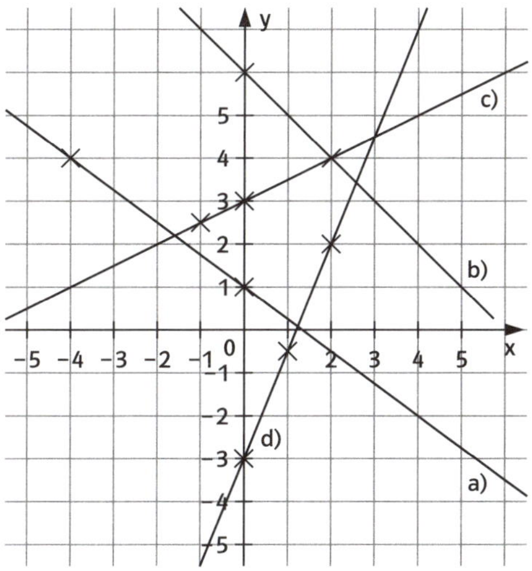

3 Wertetabellen und Funktionsgleichungen

Gib zu den Wertetabellen die zugehörigen Funktionsgleichungen an.

a)

x-Wert	−16	−8	0	4	8
y-Wert	9	7	5	4	3

y =

b)

x-Wert	−1,5	−0,5	0	1	2,5
y-Wert	−5,25	−2,25	−0,75	2,25	6,75

y =

4 Funktionsgleichungen bestimmen

Ermittle die jeweilige Funktionsgleichung und ergänze die Wertetabelle.

a)

x	1	2	3	5	7	10
y	3		7			

y =

b)

x	−2	−1	0	1	3	4
y		2	−1			

y =

5 Funktionsgleichungen bestimmen

Bestimme die Funktionsgleichungen linearer Funktionen, auf deren Graph der jeweilige Punkt P liegt und der die Steigung m hat.

a) $P(4\,|\,-8{,}5)$ und $m = -2$

b) $P\left(\frac{1}{5}\,\middle|\,\frac{7}{25}\right)$ und $m = \frac{2}{5}$

6 Schnittpunkte von Geraden

Bestimme den jeweiligen Schnittpunkt S der Geraden.

a) $y = 3x - 2$ und $y = -x + 2$

b) $y = 0{,}5x + 0{,}5$ und $y = -0{,}25x + 2{,}5$

7 Geradengleichungen erstellen

a) Es sei $m = 3{,}7$ und der Schnittpunkt mit der y-Achse sei $P(0\,|\,7{,}4)$; der Nullpunkt sei

N(___ | ___). y = ______________________

b) Es sei $m = -\frac{1}{3}$ und $N\left(\frac{3}{4}\middle|\,0\right)$. Der Schnittpunkt mit der y-Achse sei P(___ | ___).

y = ______________________

8 Die Lage von Geraden zueinander

Gegeben seien je zwei Geraden. Gib an, ob sie sich schneiden und wenn ja, in welchem Punkt. Beschreibe ihre Lage zueinander, wenn sie sich nicht schneiden.

a) $y_1 = 5x - 8$
und
$y_2 = 0{,}5x - 3{,}5$

b) $y_1 = -\frac{1}{3}x + \frac{5}{6}$
und
$y_2 = -\frac{1}{3}x + 11{,}2$

c) $y_1 = 3{,}5x + \frac{1}{5}$
und
$y_2 = \frac{7}{2}x + 0{,}2$

9 Interpretiere, was du siehst

Beschreibe, welchen Sachverhalt die Graphen darstellen.

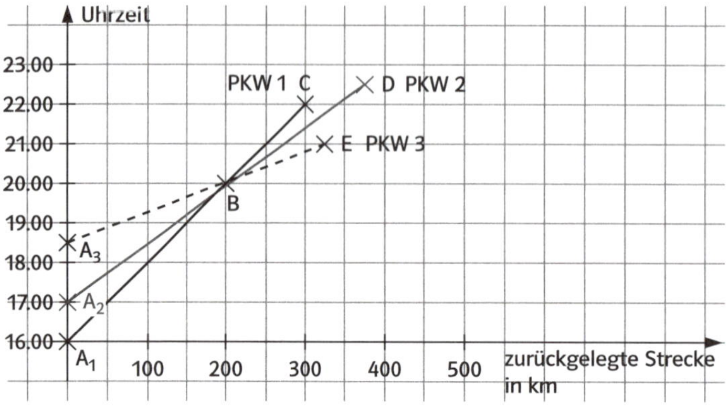

10 Mach mal zwischendurch Pause

Beschreibe, welchen Sachverhalt die Graphen darstellen.

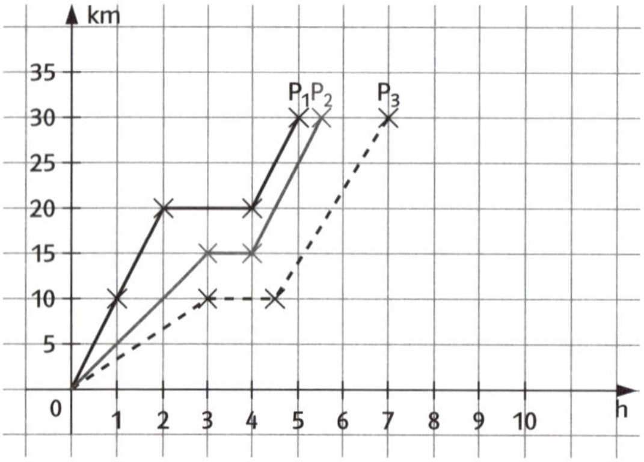

11 Eigenschaften im Vergleich

Trage die Buchstaben der angegebenen Funktionsgleichungen in die Tabelle ein.

a) $y = -\frac{1}{3}x + 5$

b) $y = 0{,}75x - 3$

c) $y = \frac{5}{3}x - 0{,}5$

d) $y = \frac{3}{4}x + 2$

e) $y = -2{,}5x$

f) $y = -\frac{5}{2}x + 1$

g) $y = -\frac{5}{2}x - 0{,}3$

h) $y = 0{,}95x - \frac{1}{2}$

Eigenschaften	Funktionsgleichungen
Steigung = 0,75	
Steigung negativ	
y-Achsenabschnitt > 0	
y-Achsenabschnitt < 0	
zueinander parallele Graphen	

12 Bedienungsanleitung

Zeichne die folgenden Graphen linearer Funktionen nach den Angaben in ein Koordinatensystem. Gib die Funktionsgleichung an.

a) $m = 2{,}5$; $b = -1$

b) $m = -2{,}5$; $b = 1{,}5$

c) $b = 4$; geht man um 2 Einheiten nach links, so muss man um 2 Einheiten nach unten.

d) $P(0\,|\,-2{,}5)$; geht man um 3 Einheiten nach rechts, muss man um 5 Einheiten nach oben.

1 Das Additionsverfahren

Löse mit dem Additionsverfahren. Gib die Lösung an.

a) I: $7x + y = 18$

II: $9x - 2y = 10$

b) I: $11x - 6y = 8$

II: $11x - 6y = 9$

c) I: $3x = 3y - 6$

II: $4y - 4x - 8 = 0$

2 Verschiedene Lösungsverfahren

Löse die folgenden linearen Gleichungssysteme jeweils nach dem Verfahren, das sich am besten anbietet. Gib die Lösung an.

a) I: $14x + 10y = 23{,}80$

II: $-12x - 20y = 28{,}40$

b) I: $10x - 25y = 400$

II: $2x + 30 = -6y$

c) I: $y = -4x - 1$

II: $2y = -6x + 2$

3 Zeichnerisches Lösen

Löse die folgenden linearen Gleichungssysteme zeichnerisch auf einem karierten Blatt Papier. Wähle 0,5 cm als eine Einheit.

a) I: $y = 2x - 4$

II: $y = -x - 1$

b) I: $y = 4x - 4$

II: $y = 4x - 8$

4 Zeichnerisches Lösen

Löse die folgenden linearen Gleichungssysteme zeichnerisch auf einem karierten Blatt Papier. Wähle 0,5 cm als eine Einheit. Beachte, dass du die Geradengleichung zuerst in die Normalform bringst.

a) I: $-0{,}5x = -y + 0{,}5$

II: $y - 2 = 2x$

b) I: $y + 2 = 3x$

II: $y - 3x = -2$

5 Geldanlagen

Frau Schott möchte in Kürze Geld anlegen. Im Moment kennt sie den aktuellen Zinssatz. Wenn dieser zum Zeitpunkt der Geldanlage um 0,3 % gesunken sein sollte, so bekäme Frau Schott für ihr Kapital am Jahresende nur noch 205,20 € Zinsen. Sollte der Zinssatz um 0,4 % gestiegen sein, würde sie 243,00 € erhalten.

a) Wie hoch ist der aktuelle Zinssatz?

b) Wie viel Kapital möchte Frau Schott anlegen?

6 Welche Winkel findest du?

Bestimme in einem Dreieck die Winkelgrößen für α, β, γ, wenn gilt:

a) γ ist um 2° kleiner als α und β ist um 44° größer als α.

α = ______________________

β = ______________________

γ = ______________________

b) β ist drei Mal so groß wie α und α um 35° kleiner als γ.

α = ______________________

β = ______________________

γ = ______________________

7 Wer hat das größere Zimmer?

Stelle ein passendes Gleichungssystem auf und löse die Aufgabe.

Luisa und Patrik bekommen im neuen Haus gleich große Zimmer. Allerdings ist Luisas Zimmer 2 m länger als Patriks, dafür aber 1,75 m schmaler. Patriks Zimmer ist um 1,25 m breiter als lang.

Tipp: Überlege dir zunächst, wie du x und y festlegst.

8 Wie haben sich die Seitenlängen verändert?

In einem Rechteck mit den Seiten a und b und dem Umfang $U = 14\,cm$ wird die Seite a verdoppelt und um 3 vergrößert, die Seite b verdreifacht und um 2 verkleinert. Der neue Umfang beträgt 34 cm.

Gib die alten und die neuen Seitenlängen an.

1 Sortieren und ordnen

Sortiere die Werte der Urliste so, dass eine Rangliste entsteht. Bestimme Mittelwert und Zentralwert. Runde auf zweite Nachkommastelle.

a) 3, 7, 6, 9, 2, 4, 0, 8, 7, 5, 2, 3, 4, 8, 7, 9, 2

b) 12, 34, 16, 22, 31, 21, 45, 32, 44, 51, 25, 35, 34, 26, 27, 43

c) 1,23; 1,65; 1,55; 1,46; 1,77; 1,87; 1,67; 1,56; 1,69; 1,79;

2 Fehlende Werte bestimmen

Bestimme die fehlenden Werte.

	Minimum	Maximum	Spannweite	unteres Quartil	oberes Quartil	Quartil-abstand
a)	15		33		36	10
b)		1,99	1,23	0,99		0,67
c)	1212	2003		1544	1868	

3 Statistische Aussagen machen

In einem Kindergarten wird erfragt, wie viele Großelternteile die Kinder haben.
Die Befragung von 20 Kindern ergab folgende Aussagen.

3, 4, 2, 1, 0, 3, 2, 4, 1, 2, 3, 4, 5, 3, 2, 6, 0, 2, 3, 4

Werte die Liste aus und mache statistische Aussagen über die Anzahl der Großelternteile. Berechne u.a. den Mittelwert. Runde auf eine Nachkommastelle.

Interpretiere die Zahlen 5 und 6.

4 Statistische Aussagen machen

Bei einer Befragung im Kreis von zwölf 70- bis 80-jährigen kamen folgende Ergebnisse heraus.
Kinder: 3, 1, 5, 4, 6, 3, 2, 4, 0, 3, 4, 5
Enkelkinder: 0, 8, 9, 7, 5, 6, 4, 5, 8, 7, 5, 10

Werte die Listen aus und mache statistische Aussagen über die Anzahl der Kinder und Enkelkinder. Berechne u.a. den Mittelwert. Runde auf eine Nachkommastelle.

Erkläre an einem Beispiel, warum die Anzahl der Enkelkinder offensichtlich größer ist als die der Kinder.

5 Häufigkeiten

Ermittle aus den angegebenen relativen Häufigkeiten die absoluten.

33 Schüler einer Klasse gehen zu Fuß zur Schule, fahren mit dem Rad oder dem Mofa, werden mit dem Auto gebracht, nehmen den Bus, den Zug oder die Straßenbahn.

Fuß	Rad	Mofa	Auto	Bus	Zug	Straßenbahn
18,18 %	15,15 %	12,12 %	27,27 %	15,15 %	3,03 %	9,09 %

6 Daten darstellen und beurteilen

Von 35 Frauen wurde die jeweils gekaufte Kleidergröße registriert.

42 / 38 / 44 / 36 / 34 / 40 / 42 / 40 / 48 / 50 / 52 / 40 / 56 / 46 / 40 / 42 / 46 / 38 /

48 / 36 / 40 / 42 / 44 / 46 / 44 / 40 / 52 / 48 / 54 / 42 / 40 / 44 / 48 / 58 / 60

Erstelle eine Rangliste, ermittle Mittelwert, Median, Minimum, Maximum, Spannweite, unteres Quartil, oberes Quartil. Zeichne einen Boxplot.

7 Daten darstellen und beurteilen

Bei 20 ausgewählten Personen wird der Intelligenzquotient (IQ) gemessen. Als Testergebnisse ergeben sich:

110 / 120 / 105 / 125 / 97 / 106 / 133 / 110 / 122 / 112 /

100 / 109 / 98 / 95 / 104 / 107 / 114 / 118 / 99 / 102

Erstelle einen Boxplot. Bestimme dazu Minimum, Maximum, Spannweite, Mittelwert, Median, unteres Quartil, oberes Quartil.

8 Daten erstellen und beurteilen

Es werden 27 Leute auf der Straße befragt, wie glücklich sie sind. Sie dürfen auf einer Skala von 1 – 8 (sehr unglücklich – total glücklich) einen Wert ankreuzen.

	1	2	3	4	5	6	7	8
absolute Häufigkeit	0	2	5	6	7	4	2	1
relative Häufigkeit								

a) Ermittle die prozentuale Häufigkeit auf eine Nachkommastelle genau.
b) Berechne den Mittelwert.
c) Gib den Median an.
d) Gib den Modalwert an.

9 Experimente am Glücksrad I

Das Glücksrad wird 1-mal gedreht.

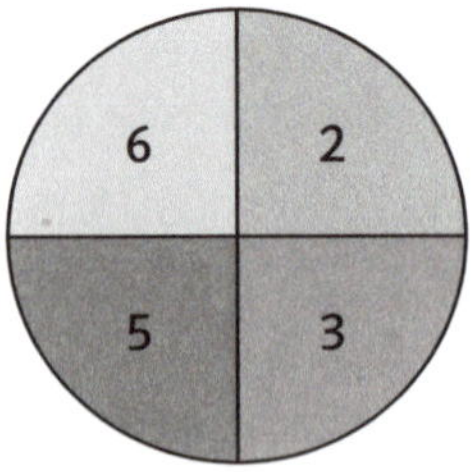

Wie groß ist die Wahrscheinlichkeit für

a) Augenzahl ≧ 5 __________

b) Augenzahl > 5 __________

c) eine gerade Zahl __________

d) für eine ungerade Zahl < 5 __________

10 Experimente am Glücksrad II

Das Glücksrad wird 2-mal gedreht.

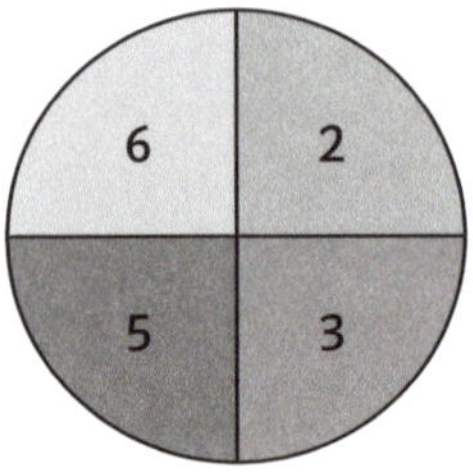

Wie groß ist die Wahrscheinlichkeit für

a) Augensumme 8 __________

b) für Augensumme > 8 __________

c) für eine gerade Zahl und dann eine ungerade Zahl __________

d) für zwei gleiche Zahlen __________

11 Experimente am Glücksrad III

Das Glücksrad wird 2-mal gedreht.

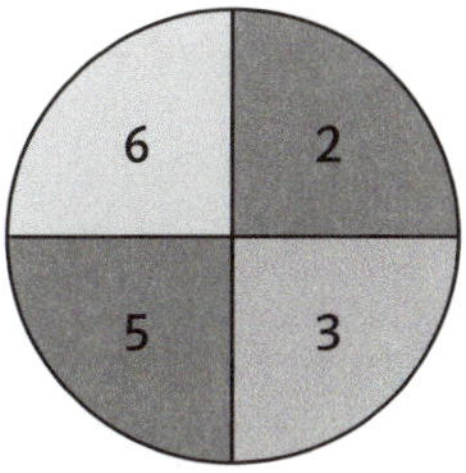

Schreibe die jeweils zugehörige Ereignismenge auf und die Wahrscheinlichkeit für

a) Augenzahl hell gerade und dunkel ungerade ______

b) Augensumme ungerade und dunkel ______

c) Augensumme ungerade und hell ______

d) Augenprodukt gerade und hell ______

12 Experimente am Glücksrad IV

Das Glücksrad wird 1-mal gedreht.

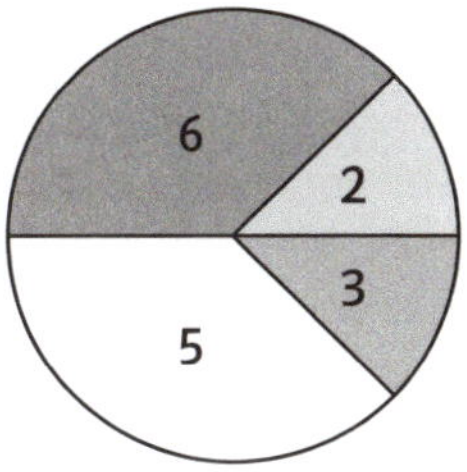

Wie groß ist die Wahrscheinlichkeit für

a) Zahlen < 4 ______

b) für Zahlen ≧ 3 ______

c) für ungerade Zahlen ______

d) für gerade Zahlen ≦ 2 ______

13 Experimente am Glücksrad V

Das Glücksrad wird 2-mal gedreht.

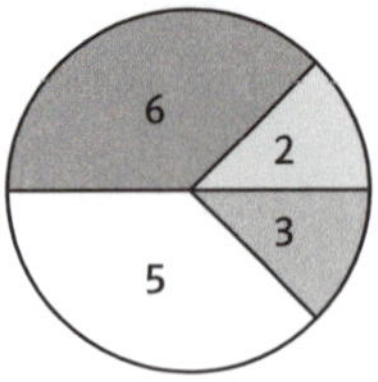

a) Zeichne ein Baumdiagramm.

Wie groß ist die Wahrscheinlichkeit für

b) gleiche Augenzahl ____________________

c) Augensumme 9 ____________________

d) Augensumme 5 ____________________

14 Experimente am Glücksrad VI

Das Glücksrad wird 2-mal gedreht.

a) Gib die Ergebnismenge an.

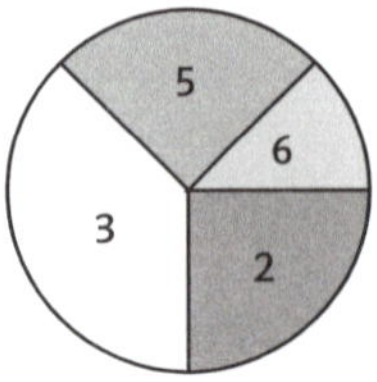

b) Schreibe zu den folgenden Ereignissen zunächst jeweils die Ereignismenge und dann die Wahrscheinlichkeit auf.

c) Augensumme ≦ 6 ____________________

d) erst gerade und dann ungerade Zahl ____________________

15 Kugeln aus der Urne ziehen

In einer Urne sind 6 schwarze und 8 weiße Kugeln. Es wird 1-mal gezogen.

a) Mit welcher Wahrscheinlichkeit ist die gezogene Kugel weiß?

b) Wie viele schwarze Kugeln müssten gegen weiße ausgetauscht werden, damit die Wahrscheinlichkeit dafür, dass weiß gezogen wird, bei mindestens 90 % liegt?

c) Wie viele weiße Kugeln dürften höchstens in der Urne sein, wenn die Wahrscheinlichkeit für weiß unter 30 % liegen soll?

d) Gib die Wahrscheinlichkeit dafür an, dass keine weiße Kugel gezogen wird.

1 Winkelgrößen

Ergänze alle fehlenden Winkelgrößen.

Erinnere dich an Begriffe wie: Wechselwinkel, Scheitelwinkel, Stufenwinkel, Nebenwinkel.

a)

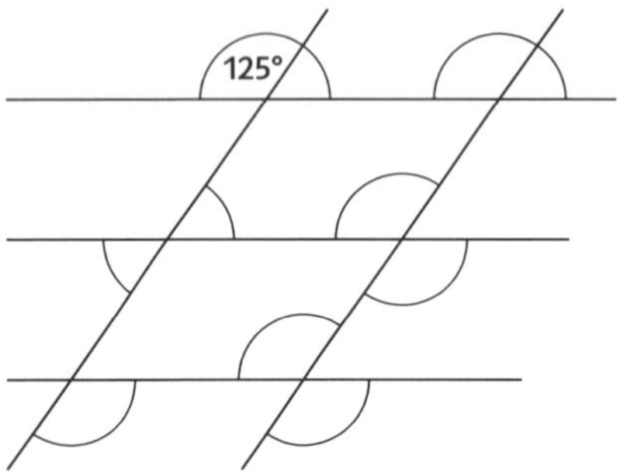

b)

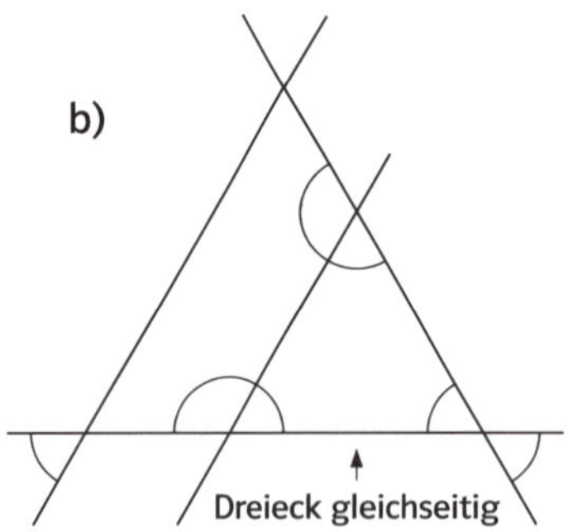

2 Winkel in Flächen sind schnell berechnet

Trage in den folgenden Figuren die fehlenden Winkelgrößen ein. Zeichne, falls nötig, gestrichelte Hilfslinien ein.

Tipp: Die Winkelsumme im Dreieck beträgt 180°, die im Viereck 360°.

a)

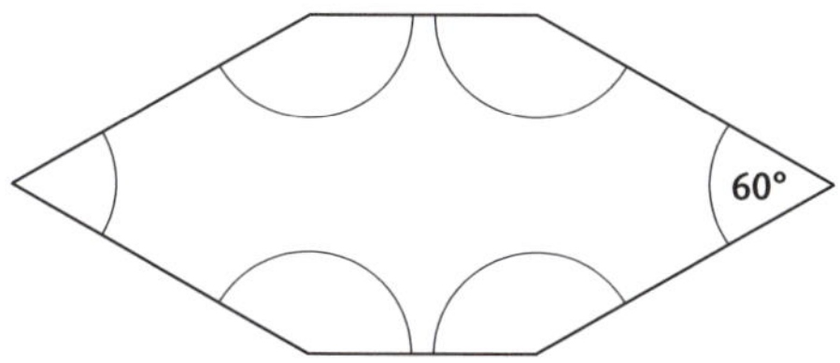

b)

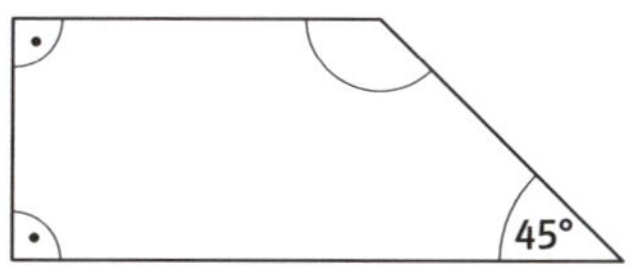

c)

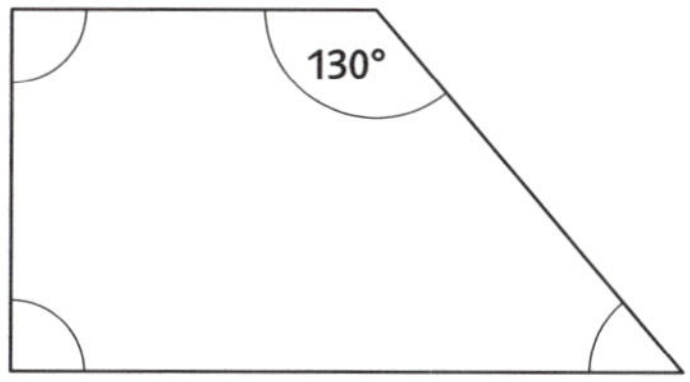

d)

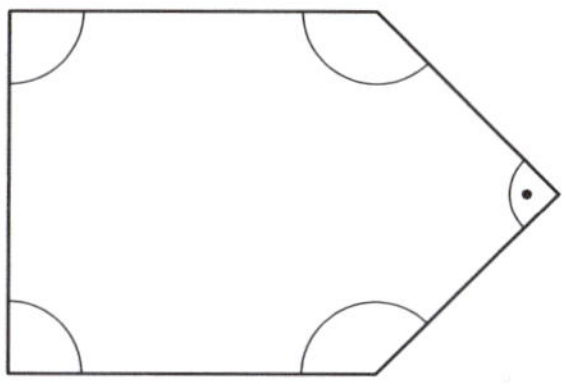

3 Winkel berechnen

Berechne die fehlenden Winkel im Viereck.

a) Winkel α ist halb so groß wie Winkel β. Winkel γ ist drei Mal so groß wie α. $\beta = 56°$.

b) Winkel β ist um 13° größer als γ und um 13° kleiner als α. $\beta = 77°$.

c) Winkel δ = Winkel β und Winkel α = Winkel γ mit $\alpha = 44°$.

4 Winkel im Dreieck berechnen

Trage alle Winkelgrößen ein.

Betrachte die Abbildung. Dreieck I ist rechtwinklig-gleichschenklig, Dreieck II ist gleichschenklig, Dreieck III ist rechtwinklig.

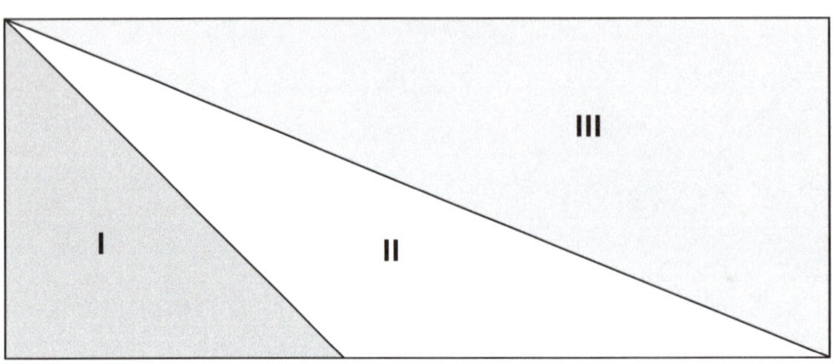

5 Spitzwinklige, stumpfwinklige, rechtwinklige Dreiecke

Benenne das jeweilige Dreieck nach Art seiner Winkel. Gib die fehlenden Winkel an.

a) $\alpha = 112°$, $\beta = 22°$ ______________________

b) $\alpha + \beta = 77°$ ______________________

c) $\alpha - 45° = 45°$ ______________________

d) $\alpha = \beta = 88°$ ______________________

e) $\alpha = 42°$, $\beta = 48°$ ______________________

f) $\beta = 2\alpha$, $\alpha + \beta = 96°$ ______________________

6 Winkelgrößen berechnen

Berechne die Größen der Innenwinkel der Dreiecke.

a) Der Winkel mittlerer Größe ist ein Drittel so groß wie der größte. Zusammen sind sie 160° groß.

____

b) Der kleinste ist ein Viertel so groß wie der zweitgrößte, der eine Größe von 44° hat.

____

c) Zwei Winkel sind gleich groß und zusammen halb so groß wie der dritte.

____

d) Zwei Winkel sind je um 1° kleiner als ein rechter Winkel.

____

e) Ein Winkel ist 140° groß. Den Rest teilen sind die beiden anderen Winkel.

____

f) Ein Winkel ist vier Mal so groß wie der andere. Zusammen ergeben sie 100°.

____

7 Winkelgrößen berechnen

Berechne alle fehlenden Winkelgrößen und trage sie ein. Beachte $\overline{AB} = \overline{AC}$ und $\overline{DE} = \overline{CE}$.

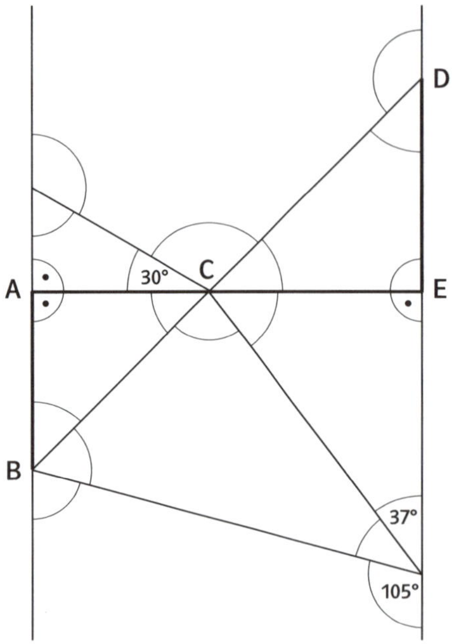

8 Winkelgrößen berechnen

Berechne alle fehlenden Winkelgrößen und trage sie ein.

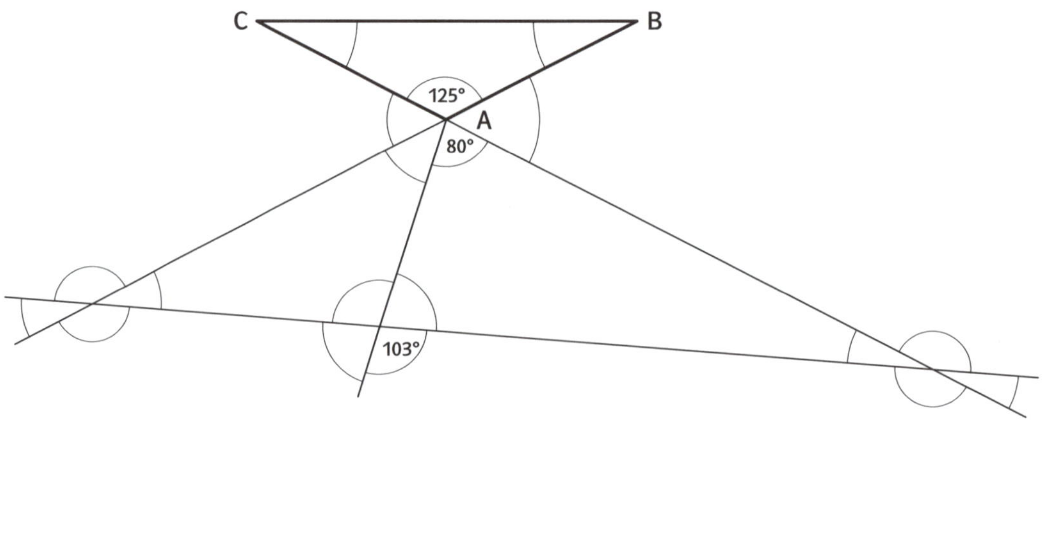

9 Winkelsumme im Siebeneck

Zeige durch Unterteilung des Siebenecks in Dreiecke, dass die Winkelsumme 900° beträgt.

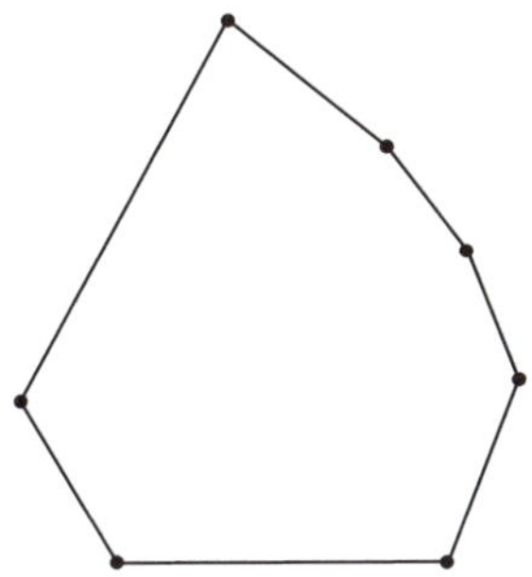

10 Alle Winkelkombinationen im Viereck

Liste auf, welche Winkelkombinationen in einem Viereck vorkommen können.
Gemeint sind keine konkreten Winkelgrößenangaben, sondern Begriffe wie spitze Winkel, rechte Winkel, stumpfe Winkel und überstumpfe Winkel.
Veranschauliche jede Kombination durch eine Skizze.

1 Linien im Dreieck

Setze die passenden Begriffe ein.

a) In welcher Art von Dreieck fallen alle Höhen, Winkelhalbierenden, Mittelsenkrechten und Seitenhalbierenden zusammen?

____

b) In welcher Art von Dreieck sind die Basiswinkel gleich groß?

____

Welche Linie ist in diesem Dreieck die Symmetrieachse?

____

c) Wie groß sind die Basiswinkel in einem rechtwinklig-gleichschenkligen Dreieck?

____

Die Höhe auf der Basis ist in diesen Dreiecken auch gleichzeitig … (1 Begriff)

____

d) In einem rechtwinkligen Dreieck sind zwei Höhen gleich … (2 Begriffe)

____

2 Kreise rund ums Dreieck

Setze die passenden Begriffe ein.

a) Der Inkreismittelpunkt ist der Schnittpunkt der ______________ des Dreiecks.

b) Der Umkreismittelpunkt ist der Schnittpunkt der ______________ des Dreiecks.

In welchem Dreieck fallen die Mittelpunkte von Inkreis und Umkreis zusammen?

____

c) Vervollständige die Aussage des Satzes von Thales: Liegt ein Punkt C auf dem Thaleskreis über AB, so hat das Dreieck ABC ______________________________ .

3 Mit oder ohne Kongruenzsatz?

a) Konstruiere ein Dreieck aus $a = 5\,\text{cm}$, $\gamma = 60°$, $h = 3\,\text{cm}$.

b) Gibt es für diese Konstruktion passende Kongruenzsätze?
Gib die Kongruenzsätze in ihrer Kurzform an.

4 Was läuft hier falsch?

a) Konstruiere ein Dreieck aus $c = 9{,}5\,\text{cm}$, $a = 2{,}7\,\text{cm}$, $b = 6{,}3\,\text{cm}$.

b) Die Angaben entsprechen dem Kongruenzsatz sss. Wieso ist die Konstruktion trotzdem nicht durchführbar? Welche Bedingung muss erfüllt sein?

5 Hilfreiche Kongruenzsätze

a) Gib die Kongruenzsätze an, nach denen die folgenden Dreiecke konstruiert sind.

I

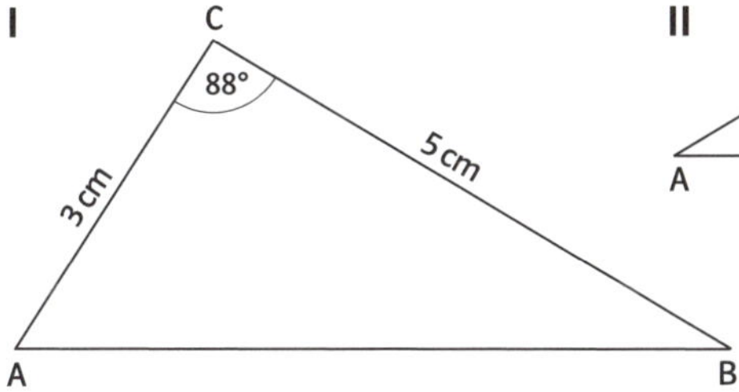

II

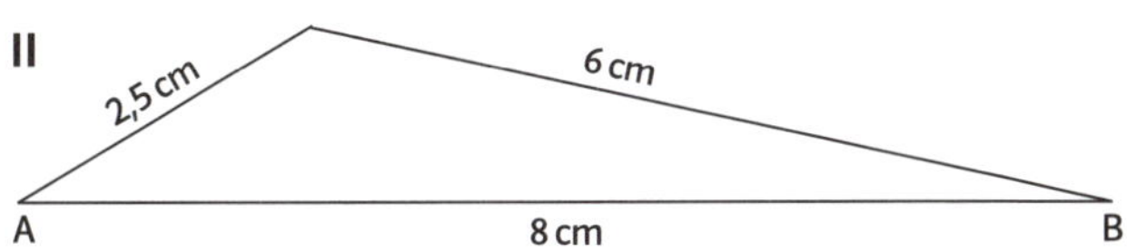

III

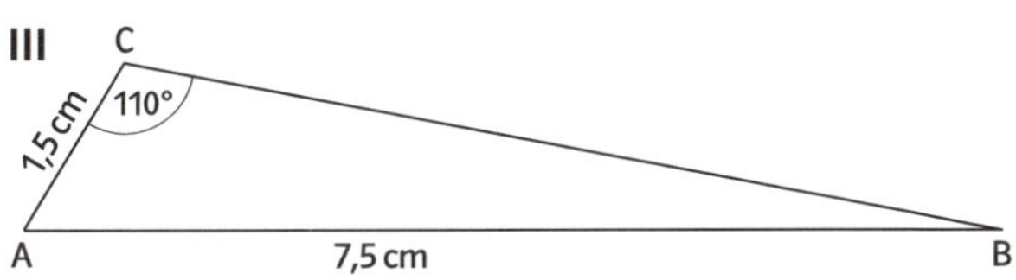

b) Konstruiere ein Dreieck aus $\alpha = 35°$, $\beta = 55°$, $c = 4\,\text{cm}$.

Der zugehörige Kongruenzsatz heißt: ____________________

6 Konstruktionsbeschreibung

Konstruiere ein Dreieck aus $b = 2\,\text{cm}$, $c = 3{,}5\,\text{cm}$, $\gamma = 60°$. Beschreibe anschließend die Konstruktion.

7 Dreieckskonstruktion mit Höhe

Konstruiere ein Dreieck aus $c = 4{,}8\,\text{cm}$, $h_c = 3{,}8\,\text{cm}$ und $\alpha = 64°$.

8 Dreieckskonstruktion

Konstruiere ein Dreieck aus $a = 4{,}6\,\text{cm}$, $\gamma = 40°$ und $\delta = 61°$, wobei δ der Winkel in M_a an a ist. $\overline{M_aA}$ ist die Seitenhalbierende von a.

9 Erste Konstruktion nach Anweisung

Konstruiere das Dreieck anhand dieser Konstruktionsbeschreibung.

Ich zeichne $\overline{AC} = b = 4{,}9\,\text{cm}$. In C an a trage ich den Winkel $\gamma = 50°$ an und konstruiere die Winkelhalbierende w_γ von γ. Auf w_γ wähle ich einen Punkt P und fälle von P aus das Lot auf b und den freien Schenkel von γ. Die Lotfußpunkte benenne ich mit P_b und P_a. Ich zeichne den Inkreis mit dem Radius $\overline{PP_b} = \overline{PP_a}$. Der Inkreis schneidet w_γ in P_c. Ich verbinde A und P_c. Die Verlängerung dieser Strecke schneidet den freien Schenkel von γ in B.

10 Zweite Konstruktion nach Anweisung

Konstruiere das Dreieck anhand dieser Konstruktionsbeschreibung.

Ich zeichne $c = \overline{AB} = 4\,\text{cm}$ und konstruiere die Mittelsenkrechte von c. Der Kreisbogen um B mit dem Radius $r = a = 5\,\text{cm}$ schneidet die Mittelsenkrechte von c in C. Ich konstruiere zu $a = \overline{BC}$ die Mittelsenkrechte. Ich verbinde A und C und konstruiere die Mittelsenkrechte von b. Die drei Mittelsenkrechten schneiden sich in M_u. Ich zeichne den Umkreis des Dreiecks ABC.

11 Dritte Konstruktion nach Anweisung

Konstruiere die Dreiecke anhand dieser Konstruktionsbeschreibung.

Ich zeichne auf einem Extra-Blatt die Strecke $\overline{AB}$ mit $c = 4{,}8\,\text{cm}$. Zu c zeichne ich beide Parallelen im Abstand von 3,8 cm. Der Kreisbogen um A mit $r = b = 4{,}4\,\text{cm}$ schneidet die Parallelen zu c In C_1, C_2, C_3, C_4. Verbinde A und B mit $C_1 - C_4$.
Welche Dreiecke sind zueinander kongruent?

12 Vierte Konstruktion nach Anweisung

Konstruiere anhand dieser Konstruktionsbeschreibung.

Ich zeichne die Strecke $\overline{BC} = a = 4{,}6\,\text{cm}$ und konstruiere deren Mittelpunkt M_a. In C an a trage ich den Winkel $\gamma = 40°$ an. Der Kreisbogen um M_a mit dem Radius $r = 1{,}5\,\text{cm}$ schneidet den freien Schenkel von γ in A und A'. Verbinde beide Punkte mit B.

13 Thaleskreis

Konstruiere das Dreieck ABC mit $c = 6{,}2\,\text{cm}$, $a = 4{,}1\,\text{cm}$ und $\gamma = 90°$ mithilfe des Satzes von Thales.

14 Thaleskreis

Wie viele rechtwinklige Dreiecke entstehen?

Zeichne $\overline{AB} = c = 7\,\text{cm}$. Errichte über $\overline{AB}$ den Thaleskreis. Die Höhe auf $\overline{AB}$ habe die Länge $h = 3\,\text{cm}$.

15 Wo liegt der Inkreis?

Konstruiere ein Dreieck aus $a = 4\,\text{cm}$, $b = 5\,\text{cm}$, $c = 3\,\text{cm}$. Konstruiere anschließend den Inkreis.

16 Dreieckskonstruktion und Inkreis

**Konstruiere ein Dreieck aus $c = 3{,}8\,cm$, $\beta = 52°$ und $w_\beta = 2{,}4\,cm$.
Beschreibe die Konstruktion.**

17 Umkreis

**Konstruiere ein Dreieck aus $a = 4\,cm$, $b = 5\,cm$, $c = 3\,cm$.
Konstruiere anschließend den Umkreis.**

18 Konstruiere mittels Umkreis

**Konstruiere ein Dreieck aus $a = 3{,}5\,cm$, $c = 4\,cm$ und $r = 2{,}5\,cm$ (Umkreisradius).
Beschreibe die Konstruktion.**

19 Wo liegen die gesuchten Koordinaten?

Zeichne ein Dreieck mit $A(0\,|\,0)$, $B(4\,|\,0)$, $C(2\,|\,4{,}47)$ in ein Koordinatensystem. Zeichne den Inkreis, den Umkreis und den Schwerpunkt des Dreiecks und gib die Koordinaten von M_i, M_u und S an.

20 Vier Winkel unbekannt

Gib die Größen von $\alpha_1 - \alpha_3$ und von β an. Schreibe deine Berechnung ausführlich auf.

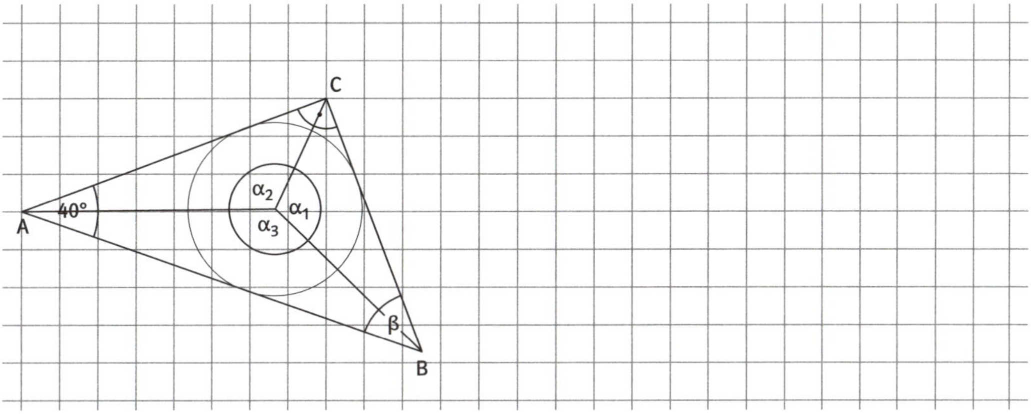

21 Konstruktion und Beschreibung

Konstruiere das Dreieck und beschreibe die Konstruktion.

$c = 3{,}2\,\text{cm}$, $\alpha = 72°$, $\gamma = 65°$

22 Konstruktion von Dreiecken

Konstruiere die Dreiecke.

a) $b = 2{,}9\,\text{cm}$, $\gamma = 68°$, $\beta = 43°$

b) $a = 4\,\text{cm}$, $\beta = 39°$, $\alpha = 56°$

23 Kongruente Dreiecke

Welche der folgenden Dreiecke sind zueinander kongruent? Begründe.

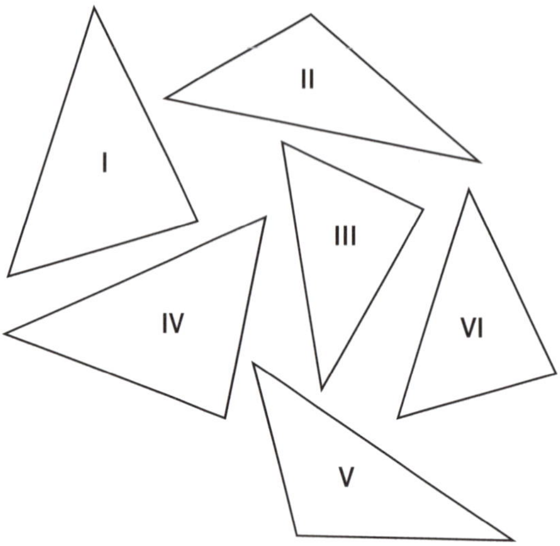

24 Ähnlich oder kongruent?

a) Spiegele auf einem karierten Blatt das Dreieck ABC mit A(1|1), B(4|0), C(6|2) an der Geraden g = (CD) mit D(1|3). Strecke anschließend das gespiegelte Dreieck an Z(9|4) mit k = 0,5.

b) Das gespiegelte Dreieck ist zum Ausgangsdreieck ______________________ .

c) Das gestreckte Dreieck ist dem Spiegelungsdreieck ______________________ .

25 Seitenlängen von Dreiecken

Tipp: Fertige jeweils eine Zeichnung an, um die Aussagen zu stützen.

a) $\alpha = 110°$, $\beta = 30°$. **Welche Seite ist die längste in diesem Dreieck?**

b) Ordne die Seitenlängen des Dreiecks mit $\gamma = 90°$, $\alpha = \beta$ **und** $c = 2\,\text{cm}$ **der Größe nach.**

c) Treffe eine Aussage über die Seitenlängen eines Dreiecks mit $\alpha = \beta = \gamma$.

d) $\alpha = 85°$, $\beta = 5°$, $\gamma = 90°$. **Welche Seite ist die kürzeste?**

26 Vier besondere Dreiecke

Die Fläche ist aus besonderen Dreiecken zusammengesetzt. Die Streckenlängen und Winkelweiten kannst du aus der Zeichnung ablesen. Benenne sie und berechne deren Flächeninhalte, soweit möglich.

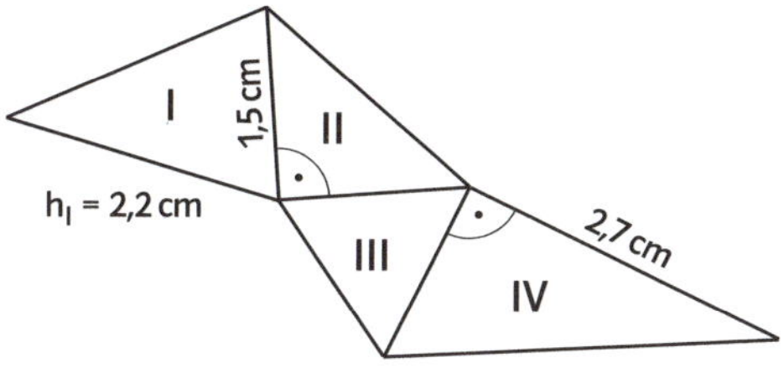

27 Berechne die Flächeninhalte

Berechne die Flächeninhalte folgender Dreiecke.

a) $c = 6\,\text{cm}$, $h_c = 4{,}11\,\text{cm}$ ______________________________

b) $b = 1{,}8\,\text{dm}$, $h_b = 2{,}2\,\text{dm}$ ______________________________

c) $a = 33\,\text{mm}$, $b = 56\,\text{mm}$ mit $a \perp b$ ______________________________

28 Verschiedene Vierecke

Benenne das Viereck, das die jeweils beschriebenen Merkmale hat.

a) Es hat eine Symmetrieachse und zwei Diagonalen, die zueinander senkrecht stehen, wobei die erste Diagonale die zweite Diagonale halbiert und die zweite Diagonale die erste Diagonale im Verhältnis 1:2 teilt. Es ist ______________________ .

b) Es hat zwei Symmetrieachsen und vier gleich lange Seiten.
Es ist ______________________ es ist kein ______________________ .

c) Nur zwei seiner Seiten sind parallel zueinander und es hat keine Symmetrieachse.
Es ist ______________________ .

d) Seine zwei parallelen Seiten sind ungleich lang. Dafür sind seine beiden anderen Seiten gleich lang. Außerdem sind je zwei (benachbarte) Winkel gleich groß.
Es ist ______________________ .

29 Konstruktion von Vierecken

a) Zeichne eine Raute mit e = f = 2,5 cm. Beschreibe die Konstruktion.

b) Welche Figur entsteht? ____

30 Flächeninhalte

Ordne die Flächeninhalte der Größe nach.

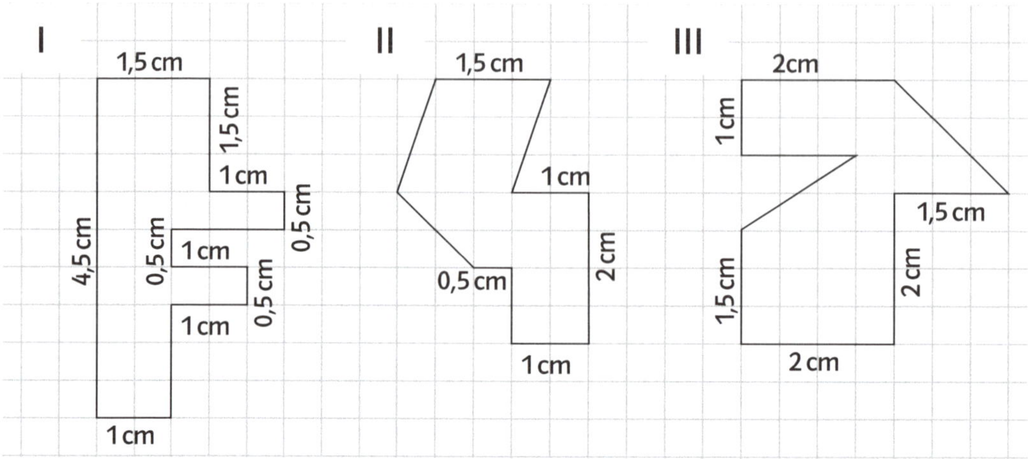

31 Flächeninhalte von Vierecken

Zeige, dass die Vierecke A_I, A_{II}, A_{III} alle denselben Flächeninhalt haben.

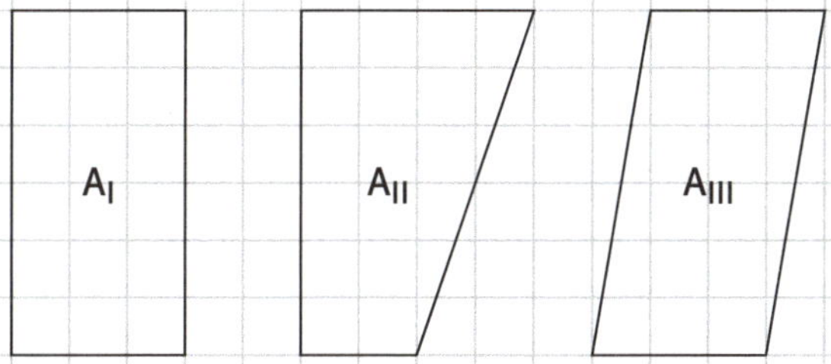

32 Ein Parallelogramm konstruieren

Konstruiere ein Parallelogramm aus $a = 4\,cm$, $b = 6\,cm$ und $e = 5\,cm$.

33 Flächeninhalte berechnen

Die Fläche setzt sich aus Parallelogrammen und einem Dreieck zusammen. Berechne den Gesamtflächeninhalt.

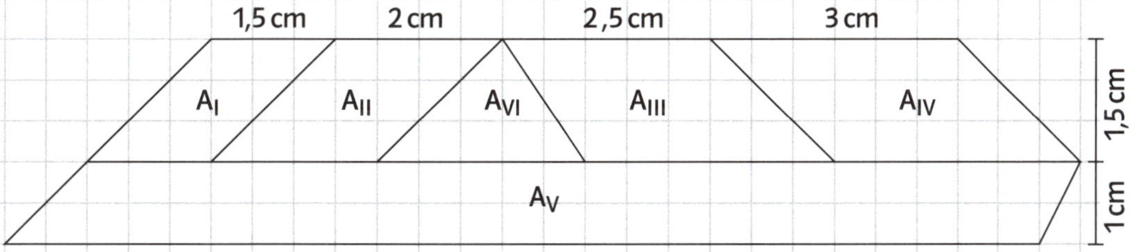

34 Flächeninhalte berechnen

a) Weise durch Berechnung nach, dass alle abgebildeten Vierecke denselben Flächeninhalt haben.

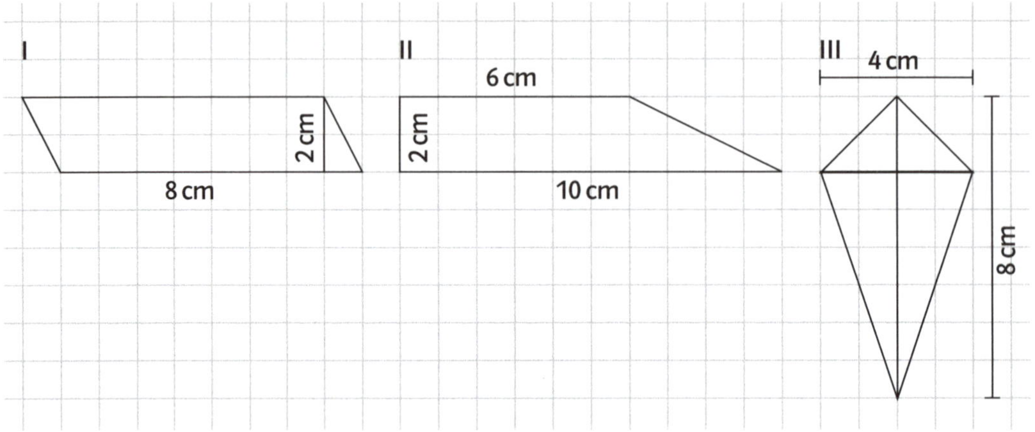

b) Gib die Seitenlänge eines Quadrates mit demselben Flächeninhalt an.

35 Eindeutige Lösung?

a) Konstruiere ein Viereck aus $\alpha = 41°$, $a = 5{,}5\,cm$, $b = 2\,cm$, $d = 3{,}5\,m$, $e = 6\,cm$.

b) Zeige mittels der Kongruenzsätze für Dreiecke, dass die Konstruktion eindeutig ist.

36 Ein Trapez aus Dreiecken

Fertige eine Skizze an und berechne den Flächeninhalt des Trapezes.

Ein gleichschenkliges Trapez setzt sich zusammen aus drei gleichschenkligen Dreiecken mit $s = 5\,cm$, $g = 8\,cm$ und $h_g = 3\,cm$.

37 Eigenschaften eines Trapezes

Kreuze die richtigen Aussagen an. Zeichne dir zunächst eine Skizze.

Ein symmetrisches (gleichschenkliges) Trapez

- ☐ (1) hat eine Symmetrieachse.
- ☐ (2) hat zwei nicht parallele gleich lange Seiten.
- ☐ (3) vier gleich große Winkel.
- ☐ (4) vier unterschiedlich große Winkel.
- ☐ (5) zwei Paare gleich großer Winkel.
- ☐ (6) zwei gleich lange parallele Seiten.

38 Flächeninhalt eines Trapezes

Bestimme den Flächeninhalt des Trapezes.

In einem Trapez ($a \parallel b$) ist h halb so groß wie a und a vier Mal so groß wie c.

39 Berechnungen am Trapez

Berechne die Längen von a und c.

Ein Trapez ($a \parallel c$) hat den Flächeninhalt $A = 19{,}8\,dm^2$ und die Höhe $h = 2{,}2\,dm$.
c ist fünf Mal so lang wie a.

40 Berechnungen am Trapez

Berechne die Längen von a und h.

Ein Trapez hat den Flächeninhalt $A = 31\,dm^2$ und a ist ein Drittel so lang wie $c = 9{,}3\,dm$.

41 Flächeninhalte von Trapezen

Berechne deren Flächeninhalte.

Die Fläche besteht aus Trapezen.
Beachte: Sie haben alle die Höhe h = 2,5 cm.

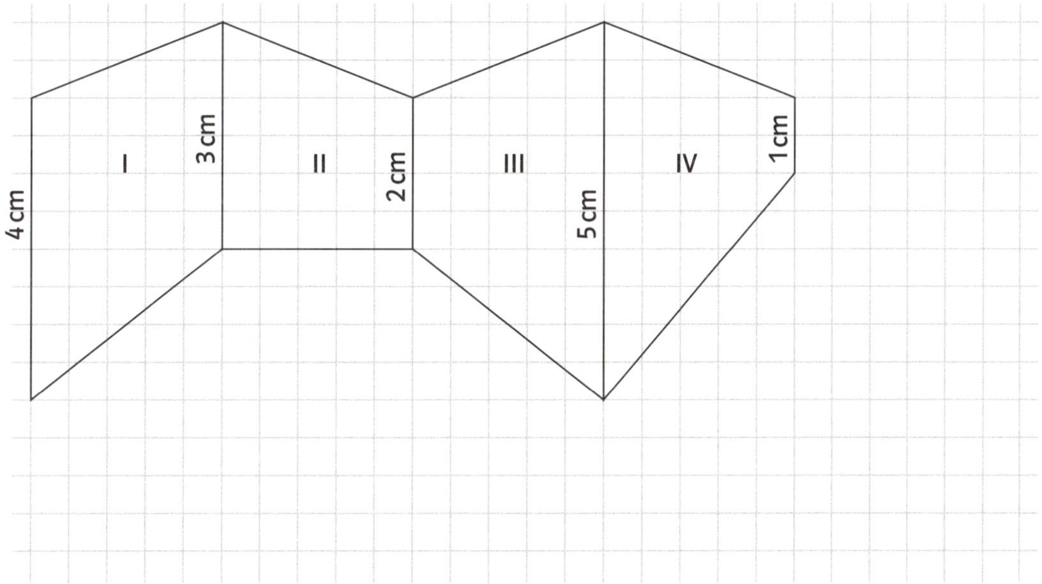

42 Fehlende Größen ergänzen

In der Tabelle findest du alle Größen, die du für die Konstruktion eines Trapezes benötigst. Ergänze die fehlenden Größen.

	A	a	c	m	h
a)	15 cm²	4 cm	6 cm		
b)	6,25 cm²	2,5 cm		2,5 cm	
c)		10 cm	2 dm		4 dm
d)			4,8 dm	6,4 dm	1,2 m
e)	2,52 m²	7,2 m		8,4 m	

43 Flächeninhalte berechnen

Berechne die Flächeninhalte der eingefärbten Flächen. Gib zu a) zwei mögliche Lösungswege an.

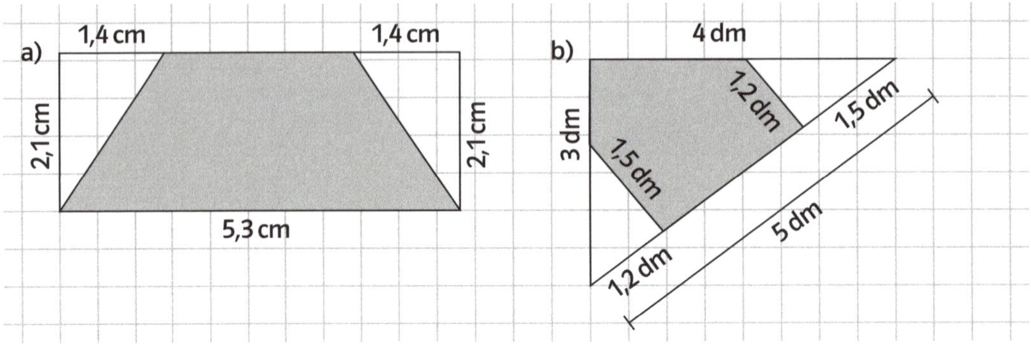

44 Umfänge berechnen

Berechne von allen abgebildeten Flächen die Umfänge.

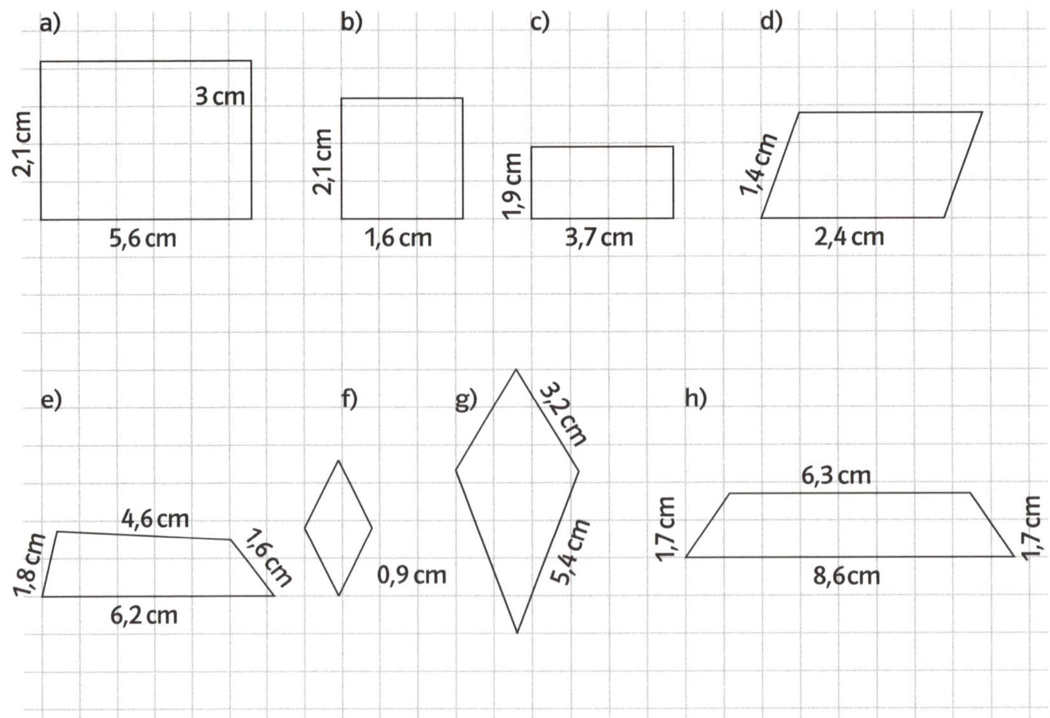

45 Flächeninhalte berechnen

Zeichne das Vieleck in ein Koordinatensystem und berechne dessen Flächeninhalt. Verbinde dazu alle angegebenen Punkte miteinander, bis der Streckenzug geschlossen ist.

A(3 | 0)
B(1 | 1)
C(1 | 5)
D(3 | 6,5)
E(5 | 4,5)
F(5 | 0)
G(3 | 0,5)

46 Noch mehr Flächeninhalte II

Zeichne das Vieleck in ein Koordinatensystem und berechne dessen Flächeninhalt. Verbinde dazu alle angegebenen Punkte miteinander, bis der Streckenzug geschlossen ist.

A(0,5 | 0,5)
B(1,5 | 0,5)
C(3 | 0,5)
D(4 | 3)
E(2,5 | 3)
F(2,5 | 5,5)
G(1 | 3)
H(0,5 | 3)

47 Flächeninhalte und Umfänge schätzen

Schätze die Umfänge und Flächeninhalte der beiden Flächen. Beschreibe, wie du vorgegangen bist. Finde zu b) zwei Lösungswege.

a)

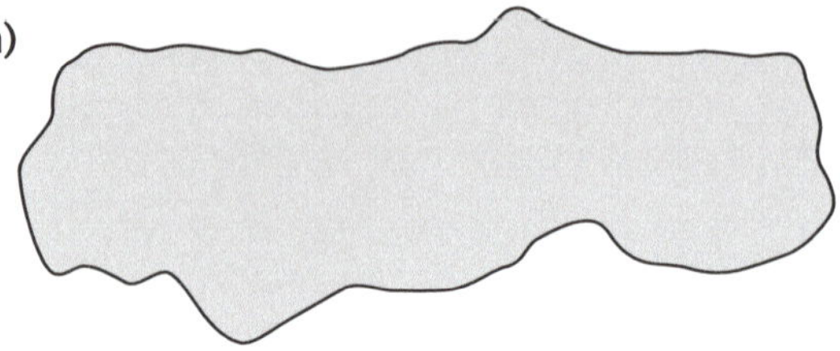

b)

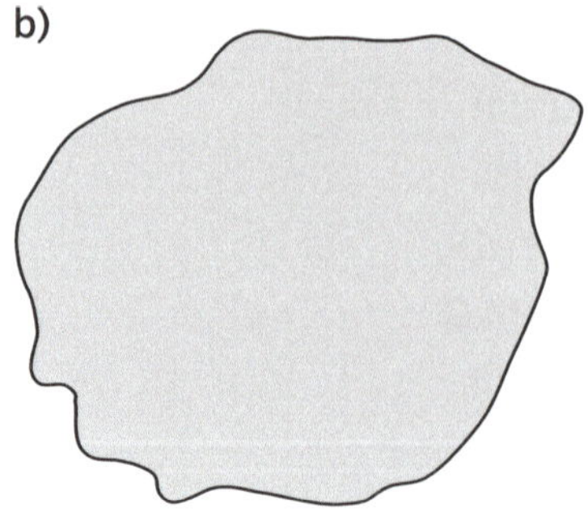

48 Gleicher Flächeninhalt – veränderte Umfänge

Von den vier Quadraten sind jeweils gleiche Ecken abgeschnitten und an anderer Stelle angefügt worden. Berechne alle Umfänge.

a)

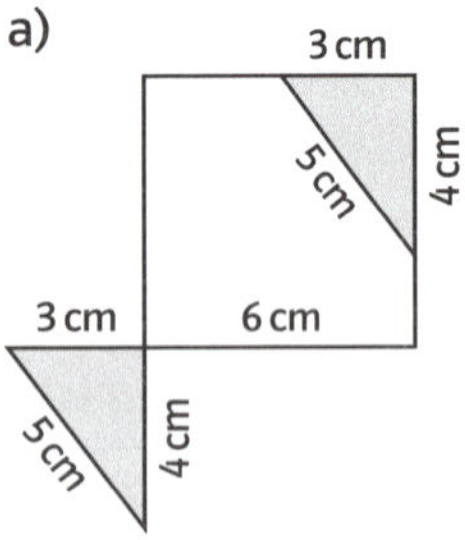

b)

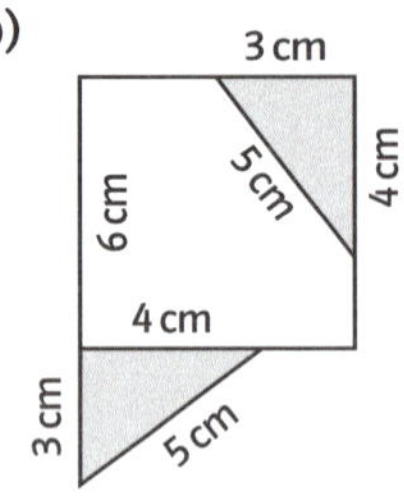

c)

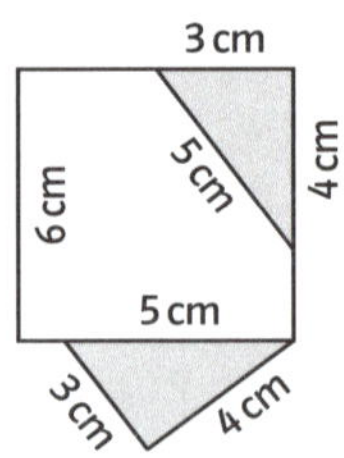

d)

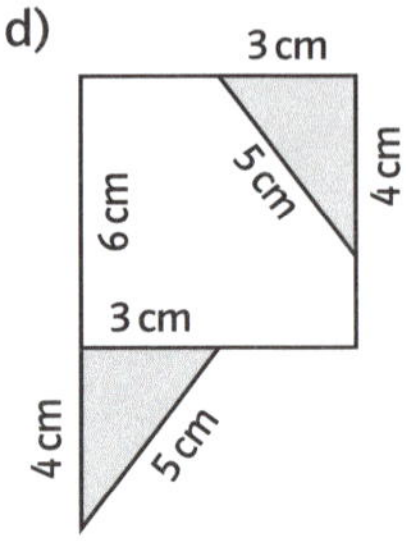

49 Wie hoch ist das Schiff?

Ein riesiges Kreuzfahrtschiff hat zwölf Decks über Wasser und der Rumpf des Schiffes unter Wasser macht etwas mehr als 30 % der Höhe aus, die über Wasser sichtbar wird.

Wie hoch ist das Schiff ungefähr, wenn die großen Schornsteine nicht mitgerechnet werden? Schreibe deine Überlegungen auf.

50 Wie groß ist der Teich?

Patrik hat seine Luftmatratze auf den Gartenteich geworfen, um sich auf dem Wasser zu sonnen.

Wie groß ist in etwa die Teichoberfläche? Schreibe deine Überlegungen auf.

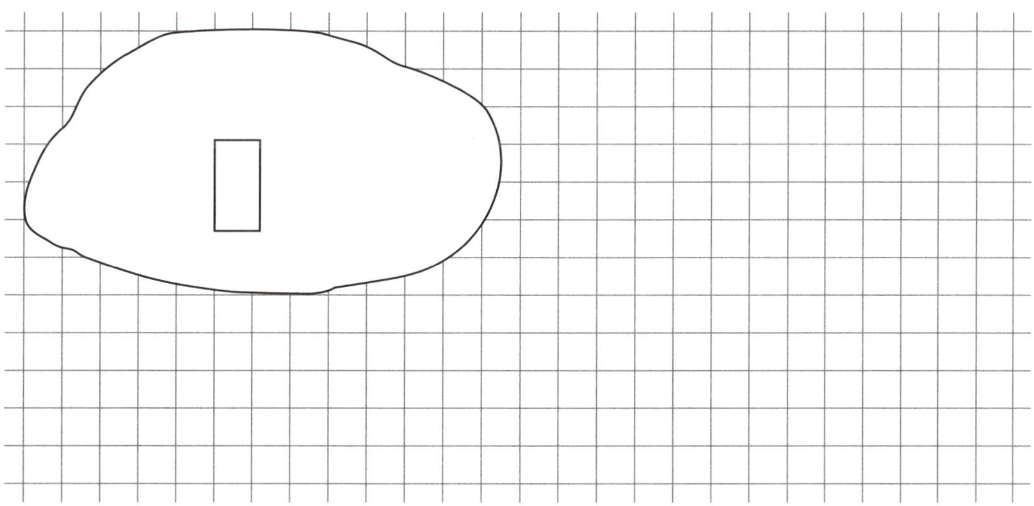

1 Volumen von Prismen

Prisma 1 hat eine dreieckige Grundfläche mit $g = 3\,cm$ und $h = 4{,}5\,cm$ und eine Höhe von 6 cm.

a) Berechne das Volumen von Prisma 1.

b) Wie verhält sich das Volumen von Prisma 2 zu dem von Prisma 1, wenn man die Grundfläche verdreifacht und die Prismenhöhe drittelt?

c) Wie verhält sich das Volumen von Prisma 3 zu Prisma 1, wenn g und h und die Prismenhöhe verdreifacht werden?

2 Rauminhalt eines Prismas

Ein Prisma hat die abgebildete Grundfläche und eine Höhe von 4,8 cm.

Berechne das Volumen des Prismas.

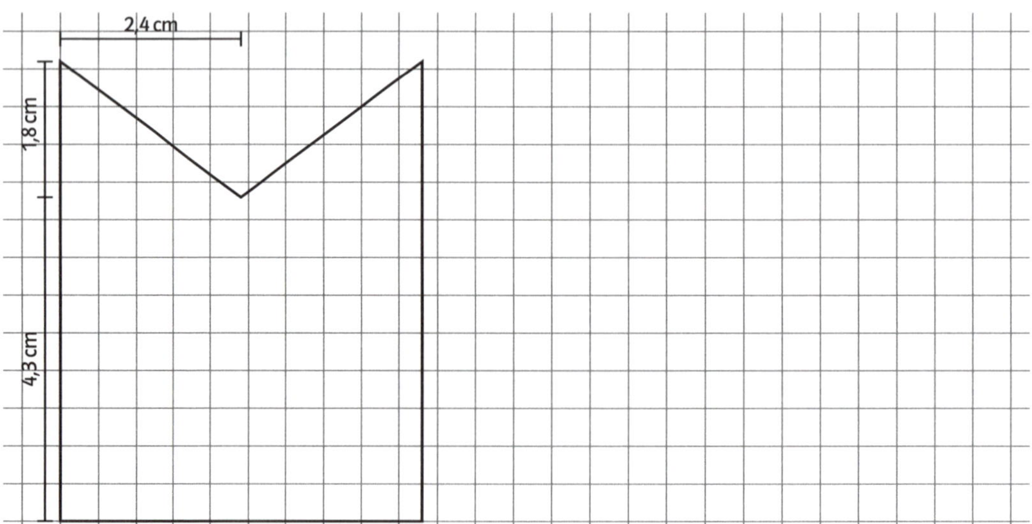

3 Die Oberfläche eines Würfels

a) Berechne den Oberflächeninhalt eines Würfels mit $a = 4\,cm$.

b) Wie verändert sich der Oberflächeninhalt, wenn man die Kantenlänge a verdoppelt?

4 Die Oberfläche eines Quaders

a) Berechne den Oberflächeninhalt eines Quaders mit $a = 2{,}7\,cm$, $b = 3{,}6\,cm$ und $c = 4{,}2\,cm$.

b) Um wie viel Prozent ist der Oberflächeninhalt eines zweiten Quaders kleiner als der des Quaders unter a), wenn man die Grundseiten drittelt und die Höhe verdreifacht?

5 Oberfläche und Volumen berechnen

Berechne Volumen und Oberflächeninhalt eines 8,4 cm hohen Prismas mit folgender Grundfläche. Runde die Ergebnisse auf zwei Nachkommastellen.

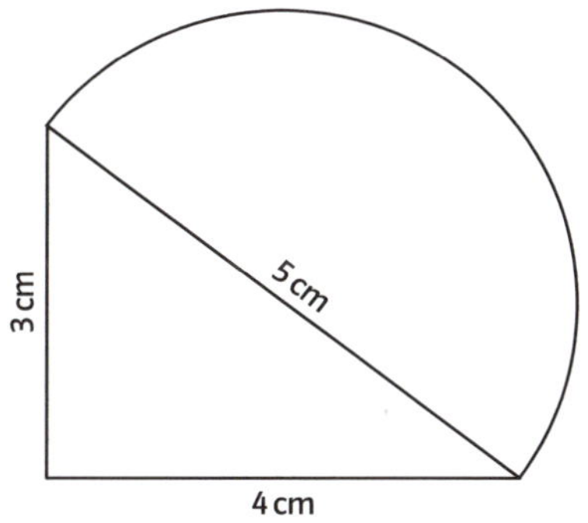

6 Volumen berechnen

Berechne die Volumina folgender Prismen.

a) Grundfläche:

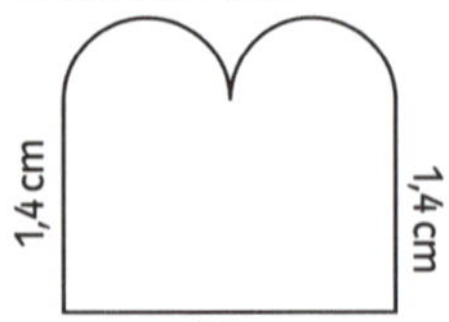

Höhe: 3,12 cm

b) Grundfläche:

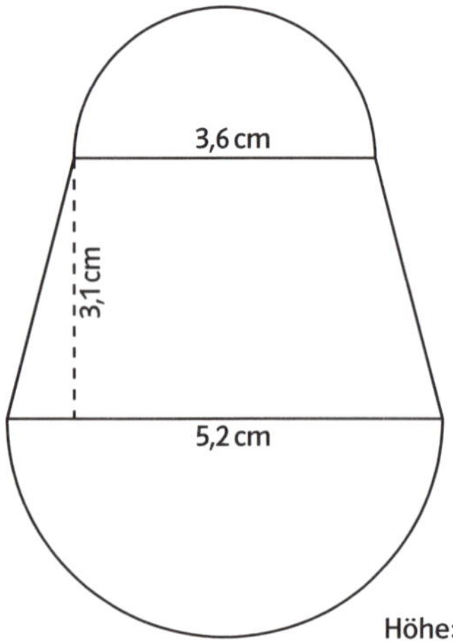

Höhe: 4,9 cm

7 Volumen ohne konkrete Größen?

Gib das Volumen des folgenden Prismas in möglichst einfacher Form an.

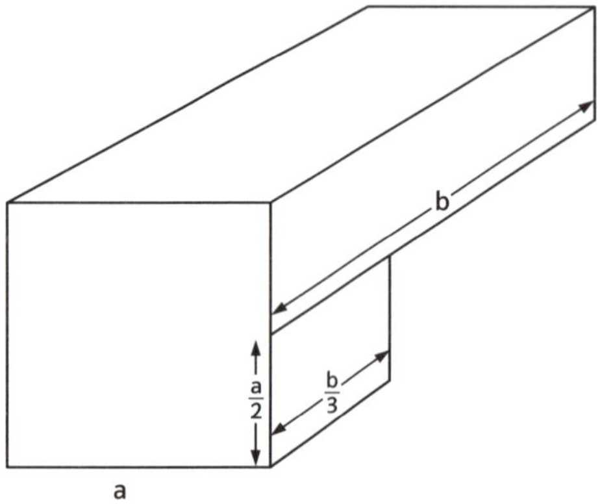

8 Zwei Quader gleichen Volumens

Zwei Quader haben gleiches Volumen von 64 cm^3.

a) Ein Quader ist 4 cm lang und 8 cm breit. Wie hoch ist er?

b) Der andere Quader ist 4 cm lang und 4 cm hoch. Wie breit ist er?

c) Um welchen Körper handelt es sich bei b)?

Stelle zur Berechnung der fehlenden Größen je eine Gleichung auf.

9 Noch mehr volumengleiche Körper

Berechne die Oberflächeninhalte der beiden volumengleichen Körper und vergleiche sie miteinander.

a) Ein Quader ist 4 cm lang, 4 cm breit und 4 cm hoch.

b) Der andere Quader ist 4 cm lang und 8 cm breit und 2 cm hoch.

10 Fehlende Größen ergänzen

Das Prisma hat eine rechteckige Grundfläche mit den Seiten a und b. Die Höhe beträgt c.

Ergänze die fehlenden Größen.

	a	b	c	V	G
a)	4,1 cm	2,8 cm	3,5 cm		
b)	31,2 m		14,9 m	464,88 m^3	
c)	2,1 dm		3,6 dm		10,5 dm^2

11 Fehlende Größen ergänzen

Das Prisma hat eine rechteckige Grundfläche mit den Seiten a und b. Die Höhe beträgt c.

Fülle die leeren Kästchen aus.

	a	b	c	G	M	O
a)	3 m	4 m	2 m			
b)	4,9 cm		2 cm		27,6 cm^2	
c)	2 dm			14,2 dm^2	58,24 dm^2	

12 Netze von Prismen

Kreuze an, welche der Abbildungen Netze von Prismen sein können.

a) ☐
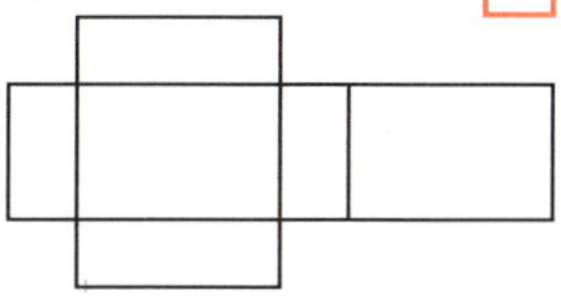

b) ☐
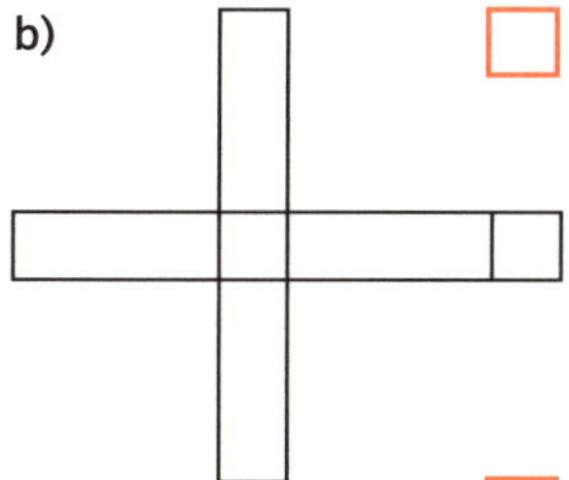

c) ☐
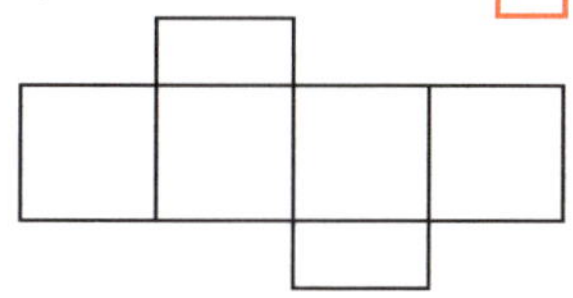

d) ☐
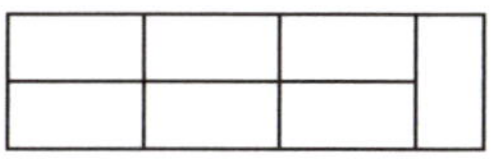

e) ☐
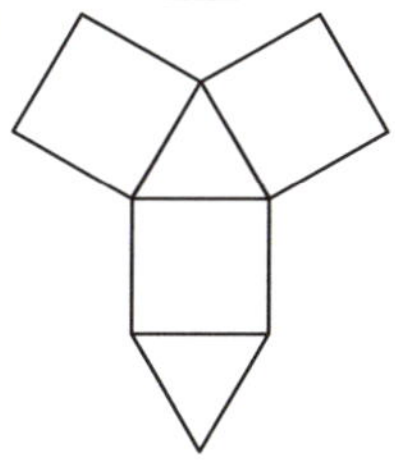

f) ☐
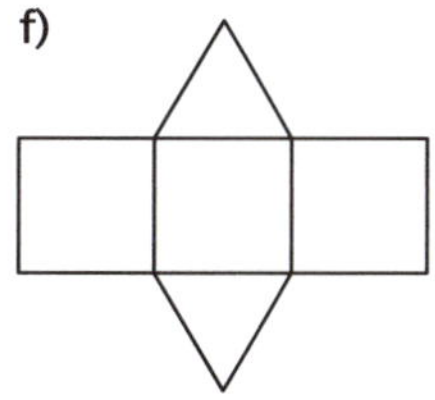

13 Netze vervollständigen

Die abgebildeten Netze von Prismen sind nicht vollständig. Zeichne die passenden Teile hinzu. Finde bei c) zwei Möglichkeiten.

a)
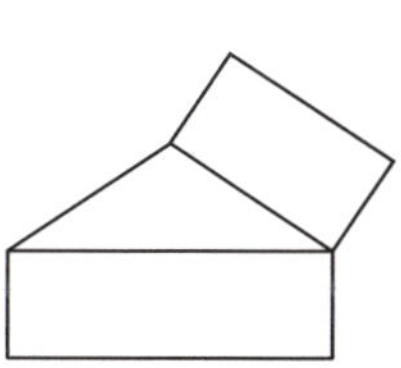

b)
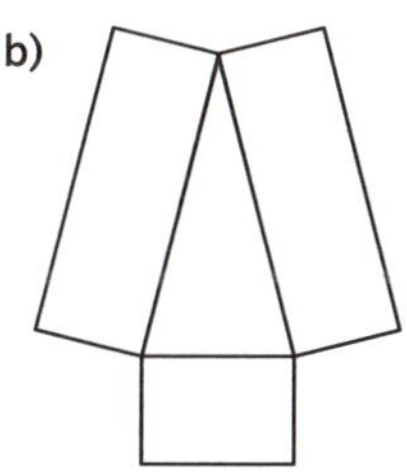

c)
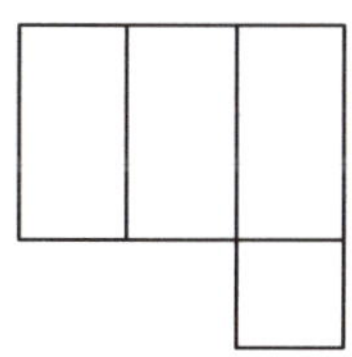

14 Netze von Prismen zeichnen

Zeichne jeweils das passende Netz eines Prismas zu folgenden Grundflächen.

a)

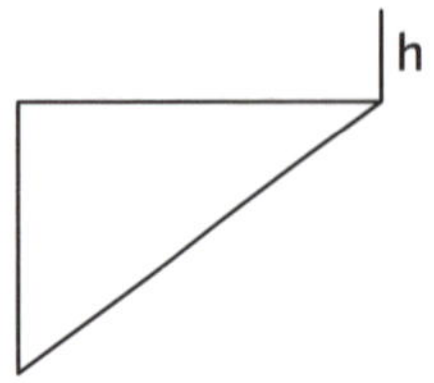

b)

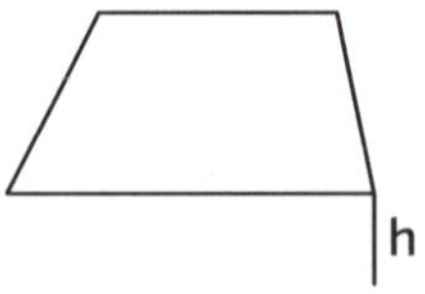

15 Netze von Prismen zeichnen

Zeichne jeweils das passende Netz eines Prismas zu folgenden Grundflächen.

a)

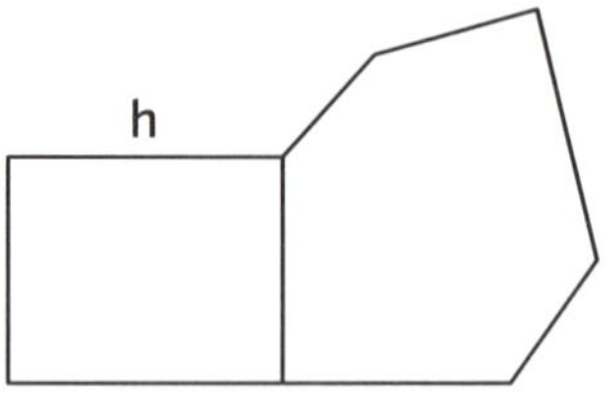

b)

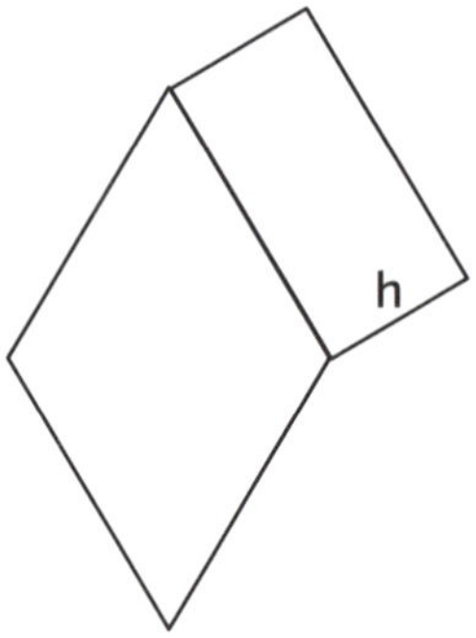

16 Berechnungen am Prisma

a) Berechne das Volumen des 3,5 dm hohen Prismas mit der Raute als Grundfläche mit $a = 2{,}2\,dm$, mit der Diagonale $e = 1{,}8\,dm$ und mit der Diagonalen $f = 4{,}2\,dm$.

b) Berechne den Oberflächeninhalt, wenn die Prismahöhe aus a) sich verdreifacht.

17 Volumen berechnen

Berechne das Volumen der folgenden Kuchenform. Welche Form hat die Grundfläche?

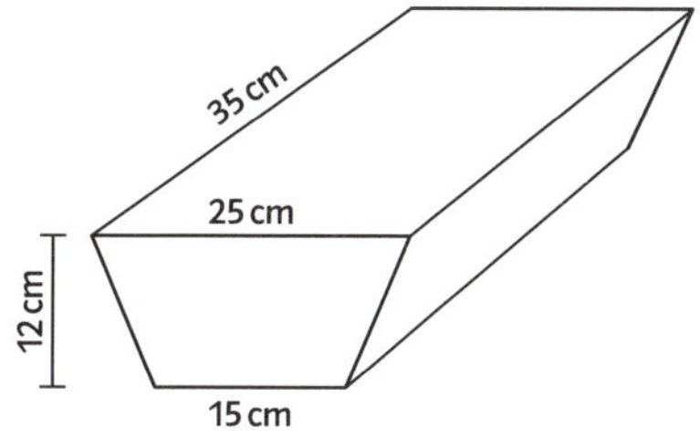

18 Volumen berechnen

Berechne das Volumen dieser Kuchenform, die eine Höhe von 6 cm haben soll.

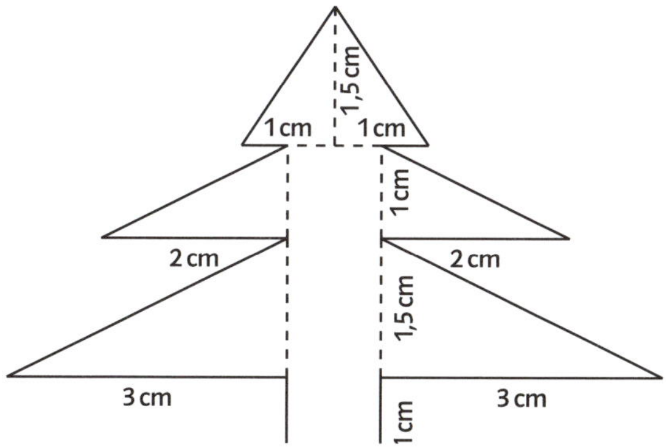

19 Volumen berechnen

Berechne das Volumen dieses Stecksteins aus Hartgummi, der eine Stärke von 1,2 cm haben soll.

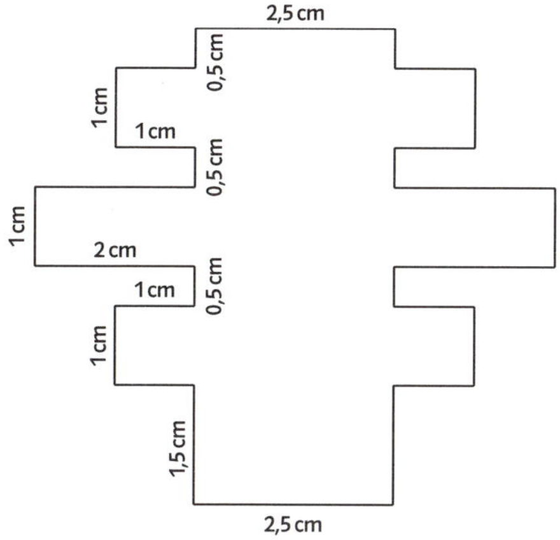

Lösungen

5./6. Klasse

Addieren und Subtrahieren

1

Summanden; Summe; Summe; Minuend; Subtrahend; Differenz

2

a) 12; 61; 102; **b)** 127; 799; 487; **c)** 1213; 888; 81; **d)** 1063; 1999; 2000

3

a) 10; 60; 83; **b)** 100; 400; 900; **c)** 10; 3000; 600; **d)** 10; 91; 700

4

a) $12+35=47$, gesuchte Zahl: 47; **b)** $40-12=28$, gesuchte Zahl: 28;
c) $3680+3678=7358$, gesuchte Zahl: 7358; **d)** $375-205=170$, gesuchte Zahl: 170

5

a) 60; **b)** 93; **c)** 60; **d)** 8; **e)** 17; **f)** 130; **g)** 117; **h)** 19

6

a) 9168; **b)** 20 030; **c)** 114 879

7

a) 6326; **b)** 90; **c)** 51 883

8

a) Überschlag: $99\,000-6500=92\,500 \rightarrow 3)$; **b)** Überschlag: $48\,000+40\,000=88\,000 \rightarrow 1)$;
c) Überschlag: $120\,000-100\,000=20\,000 \rightarrow 4)$; **d)** Überschlag: $300+19\,800=20\,100 \rightarrow 2)$

9

a) 1,00 € + 7,00 € + 3,00 € = 11,00 €; **b)** 6,00 € + 4,50 € + 20,00 € = 30,50 €;
c) 58,50 € + 70,00 € + 21,50 € = 150,00 €

10

Überschlag: 3,00 € + 3,60 € + 4,40 € = 11,00 €. Exaktes Ergebnis: 10,99 €. Die Ware war eventuell falsch ausgezeichnet oder der Scanner der Kasse war kaputt. Es ist vorteilhaft für Ida, direkt eine Überschlagsrechnung zu erstellen, damit sie nicht zuviel bezahlt und den Irrtum aufklären kann.

Rechengesetze

11

a) „Addiere die Summe aus 33 und 99 und die Summe aus 14 und 46“. Ergebnis: 192;

b) Lena hat Recht, da man Summanden vertauschen kann (Vertauschungs- oder Kommutativgesetz). Leo hat auch Recht, da man in Summen beliebig Klammern setzen oder weglassen kann (Verbindungs- oder Assoziativgesetz).

12

Nur b) passt, da dort zuerst die Differenz von 54 und 36 gebildet wird. Ergebnisse: a) 4; b) 76. Man erkennt, dass bei der Subtraktion das Verbindungsgesetz (Assoziativgesetz) nicht gilt, die Klammern dürfen also nicht beliebig gesetzt oder weggelassen werden, denn sonst ändert sich der Wert des Terms. Bei b) muss man die Klammer zuerst ausrechnen. Ohne Klammer wie bei (a) (oder innerhalb einer Klammer) rechnet man immer von links nach rechts.

13

a) 800; **b)** 210; **c)** 16

14

z. B. $479 - (165 + 212 + 46)$ und $479 - 165 - 212 - 46$. Ergebnis ist 56.

Multiplikation und Division

15

a) Vertauschungs- bzw. Kommutativgesetz: In Produkten darf man die Faktoren beliebig vertauschen.
b) Verbindungs- bzw. Assoziativgesetz: In Produkten mit mehreren Faktoren dürfen Klammern beliebig gesetzt oder weggelassen werden.

16

$1^8 = 1$; $2 \cdot 2 \cdot 2 \cdot 2 \cdot 2 = 32$; $4 \cdot 4 \cdot 4 = 64$; $3^4 = 3 \cdot 3 \cdot 3 \cdot 3$ ODER $9^2 = 9 \cdot 9$; $7^1 = 7$

17

$3^4 = 81$; $2^{10} = 1024$; $1023^1 = 1023$; $2^2 = 4$; $12^2 = 144$; $1^{20} = 1$; $5^3 = 125$; $4^3 = 64$; $10^2 = 100$;
geordnet: $1^{20} < 2^2 < 4^3 < 3^4 < 10^2 < 5^3 < 12^2 < 1023^1 < 2^{10}$

18

Die Ergebnisse sind immer Null. Wenn ein Produkt Null ist, muss mindestens einer der Faktoren Null sein.

19

Man findet keine passende Zahl, da ein Faktor 0 ist und somit das Produkt auch 0 sein muss. Damit folgt für die Umkehraufgabe: Es gibt keine Zahl, die in die Lücke passen könnte. Durch 0 kann man also gar nicht teilen!

20

a) 5; b) 0; c) 2; d) geht nicht; e) 30; f) 12

21

a) 12; 400; 19; **b)** 12; 2300; 65; **c)** 2; 40; 640
Eine Multiplikation hat immer eine Division als Umkehraufgabe und umgekehrt. Also bekommt man den fehlenden Faktor heraus, indem man das Produkt durch den bekannten Faktor teilt, z. B. $180 : 15 = 12$.

22

a) Überschlag: $60 \cdot 80 = 4800$; exakt: 4536; **b)** Überschlag: $400 \cdot 150 = 60\,000$; exakt: 53 293;
c) Überschlag: $13\,000 \cdot 70 = 910\,000$; exakt: 879 240

23

a) Überschlag: $3000 : 15 = 200$; exakt: 178; **b)** Überschlag: $5000 : 25 = 200$; exakt: 229 Rest 6

24

a) 408 Rest 3. Probe: Man rechnet $408 \cdot 17$ und zählt dann den Rest dazu.
b) Hier darf man zuerst Nullen streichen, und zwar immer gleich viele beim Dividenden und beim Divisor, dann ändert sich die Lösung nicht! Also lautet die vereinfachte Aufgabe: $806 : 13$; Lösung ist 62. Probeaufgabe: $62 \cdot 1300$.

25

a) $3 \cdot 4 + 88 - (4 + 1) = 95$; **b)** $124 - (23 + 3 \cdot 17) : (6 - 4) = 87$; **c)** $64 : (4 \cdot 2) + 1 + 1 = 10$;
d) $(4 \cdot 15 \cdot 2 - 5 \cdot 16 + 2 \cdot 2 \cdot 5) : 10 = 6$

26

a) Jonas hat wohl erst $20€\cdot12=240€$ und $16\cdot12=192€$ gerechnet und dann die Ergebnisse addiert zu $240€+192€=432€$. **b)** Maritas Term: $(20€+16€)\cdot12$; Term von Jonas: $20€\cdot12+16€\cdot12$. Beide Terme sind gleichwertig, das besagt das Verteilungs- bzw. Distributivgesetz.

Das Distributivgesetz

27

a) $120:10+80:10=12+8=20$; **b)** $17\cdot13-7\cdot13=130$; **c)** $5\cdot300+5\cdot10+5\cdot5=1575$; **d)** $4800:48-240:48=100-5=95$. Prinzipiell ist es für das Ergebnis egal, mit welcher Seite man rechnet, da die Terme ja gleichwertig sind. Bei **a)** rechnet man schneller mit der linken Seite, also mit dem vorgegebenen Term, da man dann nur eine Addition und eine Division vornehmen muss und die Summe besonders leicht durch 10 teilbar ist. Bei **b)** ist es ebenfalls von Vorteil, zuerst die Klammer auszurechnen, da man mit 10 leicht multiplizieren kann. Bei **c)** und bei **d)** dagegen ist die rechte Seite vorteilhafter zu rechnen.

28

a) z. B. $9\cdot(30-1)=9\cdot30-9\cdot1=270-9=261$ (oder man zerlegt die 9 in $10-1$);
b) z. B. $(70+14):7=70:7+14:7=10+2=12$;
c) z. B. $(100+50+7)\cdot4=100\cdot4+50\cdot4+7\cdot4=400+200+28=628$;
d) z. B. $(320+160+32):32=10+5+1=16$.

Terme vereinfachen

29

a) Es kommt immer 101 heraus, da immer der erste Summand um eins vergrößert und der zweite Summand um eins verringert wird. **b)** $50+51=101$; **c)** 50 mal, also $50\cdot101=5050$; **d)** $5\cdot11=55$; $500\cdot1001=500\,500$

30

a) 0; **b)** 100; **c)** 1

Textaufgaben

31

a) Mögliche Terme: $304-32\cdot(3{,}20+4{,}80)$ ODER $304-(32\cdot3{,}20+32\cdot4{,}80)$, Ergebnis: Es bleiben noch 48 € übrig. **b)** Zweiter Term: siehe a). Das Verteilungs- bzw. Distributivgesetz besagt: Wenn man eine Summe multipliziert, darf man auch jeden Summanden getrennt multiplizieren und die Ergebnisse danach addieren, ohne dass sich der Wert des Terms verändert. So kommt man auf die zwei möglichen Terme.

32

$48€:32=1{,}50€$, also darf ein Eis höchstens 1,50 € kosten. (Weitere Möglichkeit für den Rechenweg: Zuerst die 48 € in Cent umrechnen und das Ergebnis wieder in Euro umwandeln.)

Teiler

1

a) 16; **b)** (von links nach rechts:) 4; 8; 12; 16; 20; 24; 28; sie sind alles Vielfache von 4 (Viererreihe);
c) Die Gesamtanzahl kann nicht durch drei teilbar sein.

2

a) und **b)** sind richtig, **c)** und **d)** nicht. *Berichtigung:* **c)** 12 ist ein Teiler von 144 oder 144 ist ein Vielfaches von 12 oder 144 ist teilbar durch 12 oder 12 teilt 144. **d)** 5 ist ein Teiler von 15 oder 15 ist ein Vielfaches von 5 oder 15 ist teilbar durch 5 oder 5 teilt 15.

3

a) 1; 2; 3; 4; 6; 8; 12; 24; **b)** 1; 19; **c)** 1; 2; 3; 4; 6; 9; 12; 18; 36; **d)** 1; 2; 3; 4; 6; 8; 12; 16; 24; 48; **e)** 1; 3; 9; 11; 33; 99.
Die kleinste Zahl mit 12 Teilern ist 60. *Besonderheit:* 19 hat nur zwei Teiler, nämlich die 1 und sich selbst. Solche Zahlen nennt man Primzahlen.

4

Man kann z. B. sehen, dass alle Teiler von 24 auch Teiler von 48 sind. Dies liegt daran, dass 48 ein Vielfaches von 24 ist. Man sieht auch, dass 24; 36 und 48 viele Teiler besitzen, was auch daran liegt, dass sie alle Vielfache von 12 sind und die 12 wiederum viele Teiler besitzt. Gerade Zahlen scheinen in der Regel auch mehr Teiler zu haben als ungerade, da sie immer durch 2 teilbar sind. Allerdings kann man das bislang nur vermuten und nicht sicher wissen!

Primzahlen und Primfaktoren

5

Primzahlen sind: 23; 2; 17; 97; 59; 11

6

a) Drei unterschiedliche Lösungen: Seitenlängen 1 und 12; 2 und 6; 3 und 4;
b) Es gib nur ein Rechteck mit dem Flächeninhalt 19 Kästchen (Seitenlängen 1 und 19), es gibt vier mit dem Flächeninhalt 24 Kästchen (Seitenlängen 1 und 24; 2 und 12; 3 und 8; 4 und 6) und fünf für ein Rechteck mit Flächeninhalt 48 Kästchen (1 und 48; 2 und 24; 3 und 16; 4 und 12; 6 und 8). Die Seitenlängen der Rechtecke sind gerade die Teiler der Flächeninhaltszahlen.
c) Zu allen, die keine Primzahlen sind

7

a) $42 = 6 \cdot 7 = 2 \cdot 3 \cdot 7$; **b)** $90 = 9 \cdot 10 = 3 \cdot 3 \cdot 2 \cdot 5 = 2 \cdot 3 \cdot 3 \cdot 5$; **c)** $31 = 1 \cdot 31$ (Primzahl)
d) $120 = 2 \cdot 60 = 2 \cdot 2 \cdot 30 = 2 \cdot 2 \cdot 2 \cdot 15 = 2 \cdot 2 \cdot 2 \cdot 3 \cdot 5$; **e)** $64 = 4 \cdot 16 = 2 \cdot 2 \cdot 2 \cdot 2 \cdot 2 \cdot 2$

Teilbarkeitsregeln

8

a) die Ziffer der Zahl durch 2 teilbar ist;
b) die Zahl aus den letzten beiden Ziffern durch 4 teilbar ist;
c) die letzte Ziffer der Zahl durch 5 teilbar ist.

9

a) 9; 18; 17; 22;
b) Eine Zahl ist durch 3 teilbar, wenn ihre Quersumme durch 3 teilbar ist. Eine Zahl ist durch 9 teilbar, wenn ihre Quersumme durch 9 teilbar ist.
c) Beispiel für Teilbarkeit durch drei: 246; 993; Beispiel für Teilbarkeit durch neun: 819; 684; …

10

3455: teilbar durch 5;
38 399 952: teilbar durch 2, 3 und 4;
10 000 000: teilbar durch 2, 4, 5 und 10;
3 039 219: teilbar durch 3 und 9;
729 984: teilbar durch 2, 3 und 4;
1 293 025: teilbar durch 5;
12 385 111: teilbar durch keine der Zahlen;
777777: teilbar durch 3

11

a) 12; **b)** 180; **c)** 4; **d)** 48

Bruchteile

1

Nichts, da zwei Viertel schon eine Hälfte des Kuchens sind und Papa Bernd die andere Hälfte bekommt.
Ein Viertel plus ein Viertel plus ein Halbes ist gleich ein Ganzes.

2

a) 21; 25; **b)** 8; 12,5; **c)** 1; 2; **d)** 10; 0,1 oder ein Zehntel; **e)** 22,5; 63

3

a) Lila: vier von vierundsechzig, also vier Vierundsechzigstel; bei gelb genauso, blau: acht Vierundsechzigstel; **b)** insgesamt: sechzehn Vierundsechzigstel sind angemalt, achtundvierzig Vierundsechzigstel nicht; **c)** Nein, es spielt keine Rolle für die Größe des Anteils, welche Kästchen man anmalt.

4

a) und 2); **b)** und 5); **c)** und 6); **d)** und 3); **e)** und 4); **f)** und 1)

5

a) Vier Sechstel oder zwei Drittel; **b)** sechs Achtel oder drei Viertel; **c)** sechs Zwölftel oder zwei Viertel oder ein Halbes;

Brüche vergleichen und anordnen

6

a) $<$; $<$; $=$; **b)** $>$; $<$; $<$; **c)** $=$; $=$; $<$; **d)** $>$; $<$; $<$; **e)** $<$; $=$; $<$

7

a) $\frac{72}{160}$; **b)** $\frac{112}{160}$; **c)** $\frac{144}{160}$; **d)** $\frac{8}{160}$; **e)** $\frac{40}{160}$; **f)** $\frac{80}{160}$; **g)** $\frac{31}{160}$

8

$\frac{8}{160} < \frac{31}{160} < \frac{40}{160} < \frac{72}{160} < \frac{80}{160} < \frac{112}{160} < \frac{144}{160}$

9

a) $\frac{112}{160} = \frac{7}{10}$; **b)** $\frac{144}{160} = \frac{9}{10}$; **c)** $\frac{8}{160} = \frac{1}{20}$; **d)** $\frac{40}{160} = \frac{1}{4}$; **e)** $\frac{80}{160} = \frac{1}{2}$; **f)** $\frac{31}{160}$ kann nicht weiter vereinfacht werden.
Insgesamt hat der Bruch der Teilaufgabe e) den kleinsten Nenner.

10

$\frac{3}{110} < \frac{3}{11} < \frac{3}{8} < \frac{3}{7} < \frac{3}{4} < \frac{3}{3} < \frac{3}{1}$

Erweitern und kürzen

11

a) $\frac{15}{25}$; **b)** $\frac{21}{27}$; **c)** $\frac{8}{10}$; **d)** $\frac{10}{100}$

12

a) Richtig, erweitert mit 7; **b)** Falsch: Nenner mit 25, Zähler mit 24; richtig wäre: $\frac{25}{100}$ oder $\frac{24}{96}$;
c) Falsch: Nenner mit 3, Zähler mit 2; richtig wäre $\frac{12}{21}$ oder $\frac{8}{14}$; **d)** Richtig, erweitert mit 5

13

a) $\frac{5}{11}$; **b)** $\frac{19}{21}$; **c)** $\frac{5}{6}$

14

a) $\frac{2}{3}$; b) $\frac{1}{2}$; c) $\frac{11}{19}$; d) $\frac{5}{8}$

Gleichnamige Brüche

15

a) $T_{12} = \{1; 2; 3; 4; 6; 12\}$; $T_{18} = \{1; 2; 3; 6; 9; 18\}$, ggT: 6; also $\frac{12}{18} = \frac{12:6}{18:6} = \frac{2}{3}$;
b) $T_{27} = \{1; 3; 9; 27\}$; $T_{153} = \{1; 3; 9; 17; 51; 153\}$, ggT: 9; also $\frac{27}{153} = \frac{27:9}{153:9} = \frac{3}{17}$;

16

a) $V_4 = \{4; 8; 12; 16; 20; 24; \ldots\}$; $V_{10} = \{10; 20; 30; \ldots\}$, kgV: 20;
b) $V_{12} = \{12; 24; 36; \ldots\}$; $V_8 = \{8; 16; 24; 32\ldots\}$, kgV: 24

17

a) $\frac{3}{4} = \frac{6}{8}$, also $\frac{6}{8} = \frac{6}{8}$ und damit auch $\frac{3}{4} = \frac{6}{8}$;

b) $\frac{5}{6} = \frac{15}{18}, \frac{15}{18} < \frac{17}{18}$, also $\frac{5}{6} = \frac{15}{18}, \frac{15}{18} < \frac{17}{18}$;

c) $\frac{1}{3} = \frac{3}{9}, \frac{2}{9} < \frac{3}{9}$; also $\frac{2}{9} < \frac{1}{3}$;

d) $\frac{2}{5} = \frac{6}{15}, \frac{7}{15} > \frac{6}{15}$, also $\frac{7}{15} > \frac{2}{5}$

18

$\frac{2}{8} = \frac{8}{32}; \frac{4}{16} = \frac{8}{32}; \frac{2}{2} = \frac{32}{32}; \frac{3}{4} = \frac{24}{32}; \frac{7}{8} = \frac{28}{32}$, also ergibt sich vom kleinsten Wert angefangen:

$\frac{1}{32} < \frac{3}{32} < \frac{2}{8} = \frac{4}{16} < \frac{16}{32} < \frac{3}{4} < \frac{7}{8} < \frac{2}{2}$

Unechte Brüche und gemischte Zahlen

19

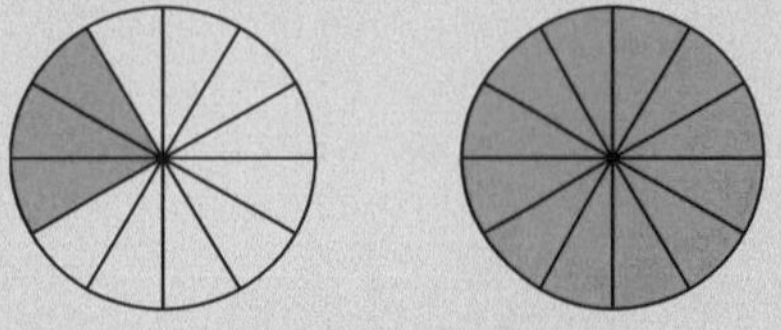

20

a) Bruch: $\frac{16}{16} + \frac{5}{16} = \frac{21}{16}$, gemischt: $1\frac{5}{16}$; b) Bruch: $\frac{7}{7} + \frac{7}{7} + \frac{3}{7} = \frac{17}{7}$; gemischt: $2\frac{3}{7}$

21

a) $3\frac{2}{5}$; b) $10\frac{1}{4}$; c) 5; d) $12\frac{3}{12}$; e) $5\frac{1}{11}$; f) $7\frac{8}{10}$. Man teilt den Nenner durch den Zähler.
Der ganzzahlige Anteil des Quotienten ergibt die erste Zahl, der Rest wird als Bruch stehen gelassen.

22

a) $\frac{3}{2}$; b) $\frac{14}{3}$; c) $\frac{52}{5}$; d) $\frac{34}{9}$; e) $\frac{67}{13}$; f) $\frac{103}{11}$. Man multipliziert den Nenner des Bruchs mit der ganzen Zahl und addiert den Zähler. Das Ergebnis schreibt man in den neuen Zähler, den Nenner übernimmt man.

Addition und Subtraktion von Brüchen

23

Den gleichen Nenner haben. – Zähler – Nenner. – ihre Zähler subtrahiert und den Nenner beibehält.
Beispiel für Addition: $\frac{2}{15} + \frac{11}{15} = \frac{13}{15}$; Beispiel für Subtraktion: $\frac{17}{21} - \frac{4}{21} = \frac{13}{21}$

24

a) $\frac{5}{6}$; b) $\frac{13}{17}$; c) $\frac{17}{57}$; d) $\frac{53}{101}$; e) $\frac{227}{1000}$

25

a) $\frac{7}{27}$; b) $\frac{9}{47}$; c) $\frac{28}{11}$; d) $\frac{37}{17}$; e) $\frac{1}{100}$

26

a) $\frac{1}{8}$; b) $\frac{9}{14}$; c) $\frac{5}{12}$

27

a) $\frac{43}{22}$; b) $\frac{17}{8}$; c) $\frac{55}{28}$; d) $\frac{19}{42}$; e) $\frac{41}{80}$; d) und e) sind etwa $\frac{1}{2}$, die anderen sind ungefähr 2.

28

a) Richtig: $\frac{7}{15}$; statt gleichnamig zu machen, wurde Nenner minus Nenner und Zähler minus Zähler gerechnet;
b) Richtig: $\frac{37}{21}$; zweiter Summand falsch erweitert (Zähler nicht mit 3 multipliziert)

29

a) $\frac{13}{5} - \frac{9}{5} = \frac{4}{5}$; b) $\frac{44}{3} - \frac{19}{3} = \frac{25}{3} = 8\frac{1}{3}$; c) $\frac{23}{4} - \frac{5}{2} = \frac{23}{4} - \frac{10}{4} = \frac{13}{4} = 3\frac{1}{4}$; d) $\frac{11}{8} + \frac{17}{4} = \frac{11}{8} + \frac{34}{8} = \frac{45}{8} = 5\frac{5}{8}$

30

a) $5\frac{3}{6} + 2\frac{2}{6} = 7\frac{5}{6}$; b) $1\frac{25}{40} + 2\frac{32}{40} = 3\frac{57}{40} = 4\frac{17}{40}$; c) $3\frac{22}{55} - 1\frac{30}{55} = 2\frac{77}{55} - 1\frac{30}{55} = 1\frac{47}{55}$

31

Gleichwertig sind: a), d), f), i), j), l) und b), h), k) und c), e), g)

32

$1\frac{1}{2}\,l + 1\frac{1}{4}\,l + \frac{3}{4}\,l + \frac{1}{8}\,l + \frac{1}{4}\,l + 2\frac{1}{4}\,l = 6\frac{1}{8}\,l$
Bei 12 Personen bekommt jeder etwa einen halben Liter, also gut zwei Wassergläser voll. Wenn es noch zusätzliche Getränke gibt, ist die Menge wohl ausreichend, wenn nicht, eher etwas wenig, da es ein heißer Tag ist.

33

a) 2; b) 5; c) 0

Vervielfachen und Teilen von Brüchen

34

a) Nein, da 3 Flaschen nur dann reichen, wenn ein ganzer Liter hineinpasst. Da hier in eine Flasche aber weniger als 1 l passt, müssen mehr Flaschen mitgenommen werden.
b) 4 Flaschen, denn 2 Flaschen ergeben anderthalb Liter, also passen in 4 Flaschen 3 Liter hinein. Gleichung: $\frac{3}{4}\,l \cdot 4 = 3\,l$

35

Zähler; Nenner; b) $\frac{2}{3} \cdot 2 = \frac{4}{3} = 1\frac{1}{3}$; $\frac{1}{2} \cdot 4 = \frac{4}{2} = 2$; $\frac{3}{10} \cdot 10 = \frac{30}{10} = 3$

36

a) $\frac{8}{5}$; b) $\frac{84}{7} = 12$; c) $\frac{44}{8} = \frac{11}{2}$

Anmerkung: Du hast bei b) und c) zuerst den Nenner des Bruches mit der natürlichen Zahl gekürzt? Gut gemacht! Dann sieht dein Rechenweg so aus:

b) $\frac{6}{7} \cdot 14 = \frac{6 \cdot 14}{7} = \frac{6 \cdot 2}{1} = 12$; c) $4 \cdot \frac{11}{8} = \frac{4 \cdot 11}{8} = \frac{1 \cdot 11}{2} = \frac{11}{2}$ Beide Wege sind richtig.

37

a) 3; b) 112 345; c) 34; d) 122; e) 1564

38

a) $7 \cdot 12 = 84$; b) $\frac{24}{11} = 2\frac{2}{11}$; c) $\frac{102}{5} = 20\frac{2}{5}$; d) $\frac{112}{2} = 56$

39

a) Nenner; Zähler; b) $\frac{3}{5} : 2 = \frac{3}{10}$; $\frac{1}{2} : 4 = \frac{1}{8}$; $\frac{7}{10} : 8 = \frac{7}{80}$

40

a) $\frac{7}{30}$; b) $\frac{4}{66} = \frac{2}{33}$; c) $\frac{54}{27} = 2$; d) $\frac{100}{35} = \frac{20}{7}$

41

Olli: $\frac{1}{4} : 5 = \frac{1}{20}$; $\frac{1}{20}$ von 60 min sind 60 min : 20 = 3 min, Julia: $\frac{1}{4} : 3 = \frac{1}{12}$; $\frac{1}{12}$ von 60 min sind 60 min : 12 = 5 min. Olli möchte also gern nach 3 min, Julia nach 5 min tauschen.

42

a) $\frac{1}{7}$; b) $\frac{1}{345}$; c) $\frac{2}{9}$; d) $\frac{4}{7}$

43

a) $\frac{14}{11} = 1\frac{3}{11}$; b) $\frac{10}{7} = 1\frac{3}{7}$; c) $\frac{23}{8} = 2\frac{7}{8}$; d) $\frac{13}{12} = 1\frac{1}{12}$

44

a) Nein. Beim Erweitern bleibt der Anteil gleich, da man den Zähler UND den Nenner mit der gleichen Zahl vervielfacht. Beim Vervielfachen dagegen verändert man den Anteil, da man nur den Zähler mit der natürlichen Zahl multipliziert.

b) Nein. Beim Kürzen bleibt der Anteil gleich, da man den Nenner UND den Zähler durch die gleiche Zahl teilt. Beim Teilen durch eine natürliche Zahl dagegen verändert man den Anteil, da man nur den Nenner (also den Divisor) mit der natürlichen Zahl multipliziert.

45

a) $\frac{36}{27}$; $\frac{36}{81}$; $\frac{4}{27}$; $\frac{4}{9}$; b) $\frac{27}{30}$; $\frac{27}{90}$; $\frac{3}{30}$; $\frac{3}{10}$; c) $\frac{45}{81}$; $\frac{45}{243}$; $\frac{5}{81}$; $\frac{5}{27}$

46

a) Erweitert mit 3; b) Geteilt durch 3; c) Gekürzt mit 25; d) Geteilt durch 11; e) Vervielfacht mit 22;

47

a) $\frac{4}{28} = \frac{1}{7}$; b) $\frac{13}{11} : 6 = \frac{13}{66}$; c) $\frac{7}{10} = \frac{35}{50}$; d) $\frac{7}{3} \cdot 7 = \frac{49}{3}$

Der Anteil bleibt beim Kürzen und beim Erweitern gleich groß, also bei den Teilaufgaben a) und c).

Multiplikation und Division von Brüchen

48

a) $\frac{1}{3}$; $\frac{2}{3}$; $\frac{3}{2}$; $\frac{4}{2}$; $\frac{4}{8}$; $\frac{7}{8}$ **b)** ·; mal

49

a) $\frac{3}{5} \cdot \frac{1}{2}$; **b)** Drei von zehn Felder sind ausgemalt. **c)** $\frac{3}{5} \cdot \frac{1}{2} = \frac{3}{10}$

50

miteinander multipliziert – miteinander multipliziert; Ergebnisse: 1. Bsp.: $\frac{12}{35}$; 2. Bsp.: $\frac{2}{1} = 2$

51

a) $\frac{7}{22}$; **b)** $\frac{4}{3}$; **c)** $\frac{2}{4} = \frac{1}{2}$; **d)** $\frac{18}{5}$; man kann bei b), c) und d) schon vor dem Rechnen kürzen.

52

a) $2\,l : 1\,l = 2$, also könnte sie 2 Gläser füllen. **b)** $2\,l : \frac{1}{5}\,l$; **c)** Sie kann 10 Gläser füllen. **d)** 15

53

$\frac{3}{4}\,l : \frac{1}{4}\,l = 3$. Jenny kann drei Gläser Wasser mit einem Dreiviertelliter Mineralwasser füllen.

54

Ja, alle drei Aufgabenpärchen sind jeweils zueinander gleichwertig. Ergebnisse: **a)** 3; **b)** 7; **c)** 3
Regel: ... bei dem Divisorbruch Zähler und Nenner vertauscht. Statt nun durch ihn zu teilen, multipliziert man den ersten Bruch mit eben diesem „umgekehrten" Bruch, dem so genannten Kehrbruch. Kurz: Man multipliziert den ersten Bruch mit dem Kehrbruch des zweiten Bruchs.

55

a) $\frac{1}{2} \cdot \frac{4}{1} = \frac{4}{2} = 2$; **b)** $\frac{5}{6} \cdot \frac{4}{3} = \frac{10}{9}$; **c)** $\frac{8}{764} \cdot \frac{764}{5} = \frac{8}{5}$; **d)** $\frac{5}{6} \cdot \frac{5}{6} = \frac{25}{36}$

56

Fehler: Es wurde nicht mit dem Kehrbruch multipliziert; richtig ist $\frac{7}{2} : \frac{3}{2} = \frac{7}{2} \cdot \frac{2}{3} = \frac{7}{3}$

57

a) 1. Reihe: 1; $\frac{2}{3}$; 2. Reihe: 1; $\frac{1}{2}$; 3. Reihe: $\frac{1}{6}$; $\frac{6}{35}$

58

a) $\frac{4}{5}$; **b)** $\frac{7}{3}$; **c)** $\frac{2}{3}$

59

Ja, bei beiden Termen kommt $\frac{1}{64}$ heraus. Allerdings ist der zweite Term leichter zu berechnen.
Also: Es lohnt sich, so früh wie möglich zu kürzen.
a) $\frac{9}{4}$; **b)** $\frac{1}{32}$; **c)** $\frac{8}{27}$; **d)** 64; **e)** $\frac{1}{81}$; **f)** $\frac{1}{25}$

60

a) $\frac{4}{6} \cdot \frac{2}{5} = \frac{4}{15}$; **b)** $\frac{14}{15}$; **c)** $\frac{10}{3} \cdot \frac{3}{13} = \frac{10}{13}$; **d)** $\frac{56}{5} \cdot \frac{10}{7} = 16$

Vermischte Aufgaben

61

a) Nenner und Zähler wurden jeweils addiert statt multipliziert. Richtiges Ergebnis: $\frac{24}{35}$
b) Die gemischte Zahl wurde nicht in einen Bruch umgerechnet; richtig wäre: $\frac{8}{3} \cdot \frac{3}{2} = 4$
c) Statt einer Division wurde hier multipliziert. Richtig wäre: $\frac{4}{5} \cdot \frac{4}{5} = \frac{16}{25}$

62

a) $\frac{2}{5}$; b) 2; c) $\frac{13}{4} = 3\frac{1}{4}$

63

a) $\frac{10}{7} = 1\frac{3}{7}$; b) $\frac{1}{2}$; c) $\frac{12}{5} = 2\frac{2}{5}$

64

a) $\frac{6}{7}$; b) $\frac{2}{5}$

65

a) $\frac{1}{14}$; b) $\frac{1}{6} : \frac{1}{6} = 1$

66

$\frac{7}{2}\text{m} \cdot \frac{10}{3}\text{m} = \frac{7 \cdot 5}{3}\text{m}^2 = \frac{35}{3}\text{m}^2 = 11\frac{2}{3}\text{m}^2$

Dezimalzahlen

1

a) 0,25; **b)** 1,5; **c)** 0,1; **d)** 0,75; **e)** 1; **f)** 0,2

2

0,005; $\frac{7}{100}$; $\frac{5}{1000}$; $\frac{3}{10} + \frac{7}{100} + \frac{5}{1000} = \frac{300+70+5}{1000} = \frac{375}{1000} = \frac{3 \cdot 125}{8 \cdot 125} = \frac{3}{8}$

3

Ergebnis: $\frac{7}{8}$

4

a) $1 + \frac{7}{10} + \frac{5}{100} = \frac{100+70+5}{100} = \frac{175}{100} = \frac{25 \cdot 7}{25 \cdot 4} = \frac{7}{4}$; **b)** $\frac{475}{1000} = \frac{19 \cdot 25}{40 \cdot 25} = \frac{19}{40}$; **c)** $\frac{105}{10} = \frac{21}{2}$; **d)** $\frac{25}{100} = \frac{1}{4}$

5

Julian: **d)**, **e)**, **g)**, Lara: **a)**, **b)**, **f)**
Falsch sind **c)** (das sind 13,5 m) und **h)** (das sind 0,125 m)

6

a) 0,25; 1,25; 2,25; **b)** 0,125; 0,375; 0,875; **c)** 0,2; 0,4; 0,8

7

0,05

8

a) 0,28; **b)** 0,085

9

a) 0,625; **b)** 0,175

Rechnen mit Dezimalzahlen

10

a) 9190,931; **b)** 73 765,8945

11

a) 856,04; **b)** 887,0966

12

a) 8,44; **b)** 0,844; **c)** 0,0844

13

Die Anzahl der Nachkommastellen des Ergebnisses ist gleich der Summe der Nachkommastellen der einzelnen Faktoren.

14

a) 37,36; **b)** 863,524

15

0,36; **b)** 6,45

16

21,35

17

a) 4,92; **b)** 6,92652; **c)** 163,76; **d)** 0,30627; **e)** 6,78; **f)** 0,526 ; **g)** 28,003; **h)** 32,65

18

$0{,}4\,m^2 : 0{,}8\,m = 0{,}5\,m = 50\,cm$

Vermischte Aufgaben

19

Ein Liter Milch kostet 48 Cent, ein Becher Joghurt 43 Cent.

20

a) 1,5; **b)** 0,06; **c)** 1; **d)** 14,59; **e)** 3,2

21

Janniks Vorschlag: Breite 7,32 cm, Höhe 2,44 cm. Jules Vorschlag: Breite 14,64 cm, Höhe 4,88 cm

Längen

1

543 064 dm; 620 m (Null auffüllen); 596 008 m; 4200 m (Nullen auffüllen)

2

543 064 dm = 5 430 640 cm; 620 m = 6200 dm; 596 008 m = 5 960 080 dm; 4200 m = 42 000 dm
größer – kleiner

3

a) ca. 8 – 12 cm; **b)** ca. 26 – 30 cm; **c)** ca. 25 – 28 cm; **d)** ca. 9 – 11 cm; **e)** sehr unterschiedliche Maße, ca. 3 – 5 m;
f) ca. 1,20 – 1,60 m; **g)** ca. 1,90 m – 2,20 m (meist sind Türen 2 m hoch)

4

a) km, cm, **b)** cm, m, **c)** cm (oft auch in Zoll angegeben), cm, **d)** km, m, **e)** mm, m, **f)** km (evtl. auch m), mm

5

a) 1360 cm; 2800 cm; **b)** 114 000 m; 9330 mm; **c)** 1 032 400 cm; 320 mm; **d)** 45 000 m; 7110 dm; **e)** 27 200 mm;
237 095 000 mm; **f)** 3560 mm; 9 386 300 cm

6

a) 57 m; 28 km; **b)** 14 km; 73 dm; **c)** 10 m; 92 m; **d)** 450 000 km; 870 dm; **e)** 2720 dm; 9700 cm; **f)** 35 m; 3400 m

7

0,6 dm; 8,744 m; 0,005 m; 0,2 cm; 0,062 m

8

a) 87,9 m; 94,948 km; **b)** 4,5 m; 96,3 dm; **c)** 194,8 cm; 8,34 m; **d)** 458,9 km; 1209,3 m; **e)** 727,46 dm; 780 900 mm

9

a) 1,55 m; 4 cm; Berni ist 1,59 m groß.
b) 1,20 m; 3,70 m; 1,80 m; Das Zimmer ist 2,50 m lang.
c) 18,4 km; 90 m; 10,2 km; Jennas Schulweg ist 8,2 km lang.

10

4 cm (Ulli) < 7,5 cm (Marita) < 16 cm (Karina) < 19 cm (Stefan) < 29 cm (Nika) < 35 cm (Hannah).
Hannah hat also die längsten Haare.

11

Alex' längster Grashalm ist 12 cm lang, Irinas 4 cm, Toms 10 cm und Sandys nur 2 cm.

12

a) Pro Mensch: ca. 50 cm Platz, bei ca. 6 Mrd. Menschen: 3 000 000 000 m = 3 000 000 km.
b) 3 000 000 km : 40 000 km = 75, also würde die Kette 75 mal um die Erde passen.

Gewichte

13

59 800 g; 160 t; 7765 kg; 4090 g

14

59 800 000 mg; 160 000 kg; 7765 000 g; 4 090 000 mg; geteilt durch 1000, mal 1000

15

Hier kannst du selbst durch Messen kontrollieren, da keine einheitlichen Werte angegeben werden können. Wenn du dir unsicher bist, kannst du die Aufgabe vielleicht mit jemandem zusammen lösen.

16

Beispielrechnung mit 50 kg: 50 kg · 1200 = 60 000 kg = 60 t. So viel wiegt z. B. ein großer LKW.

17

a) 1456 000 kg; 289 000 mg; **b)** 454 000 g; 933 000 000 g; **c)** 17154 000 mg; 32 000 mg;

d) 65 000 000 mg; 71 000 g; **e)** 92 000 000 000 mg; 467 095 000 g; **f)** 309 000 000 mg; 7 863 000 mg

18

a) 56 kg; 280 kg; **b)** 93 g; 73 g; **c)** 90 kg; 90 kg; **d)** 450 t; 6 t; **e)** 272 g; 77 kg; **f)** 35 g; 874 kg

19

3,34 kg; 0,09842 kg; 0,00106 t; 0,08 g

20

a) 9,382 t; 0,009478 kg; **b)** 493,982 kg; 0,08 g; **c)** 1,999 g; 0,000092 t; **d)** 958,8 kg; 0,000000001 t;
e) 0,072746 t; 98,76 kg; **f)** 0,0837 t; 0,002903 kg; **g)** 872 000 g; 0,000009 t

21

a) zu 3) (130 t); **b)** zu 4) (250 g); **c)** zu 7) (75 kg); **d)** zu 6) (1 mg); **e)** zu 2) (8 kg); **f)** zu 5) (100 g); **g)** zu 1) (900 kg)

22

a) 3,099 t = 3099 kg; **b)** 9,000009 t = 9 000 009 g; **c)** 456,002 kg = 456 002 g;
d) 23,000000345 t = 23 000 000 345 mg; **e)** 7,046 kg = 7046 g; **f)** 29,001 g = 29 001 mg;

g) 37,000093 kg = 37 000 093 mg

23

Kombi: ca. 1200 kg Leergewicht; Körpergewicht Eltern: ca. 65 kg + 85 kg = 150 kg; Tim: ca. 45 kg;
Tina: 39 kg; Sarah: 9 kg; Sommerkleidung, Spiele, Bücher, Babyausrüstung etc.: pro Pers. ca. 18 kg;

Proviant: pro Pers. ca. 2 l Getränke (2 l entsprechen 2 kg), Obst, Brote, Kekse etc.: Proviant gesamt ca. 15 kg.
Total: 1200 kg + 243 kg + 90 kg + 15 kg = 1545 kg (Dazu kommt noch das Benzin.)

24

Rechnung: Zuerst wandelt man die 12 kg um in Gramm: 12 kg = 12 000 g. Dann: 12 000 g : 180 g = 1200 : 18 (Man darf die gleiche Anzahl Nullen streichen!). Ergebnis: 66. Das Futter reicht für 66 Tage.

Zeiten

25

Zeitpunkte: 7:05 Uhr, 7:45 Uhr; Zeitspanne: 40 min
a) Zeitspanne: 27 min; **b)** Zeitpunkt: 9:50 Uhr; **c)** Zeitpunkt: 14:42 Uhr

26

Arlena: 6 h 40 min; Papa Jens: 6 h 20 min; Patrick: 9 h 25 min; Mama Isa: 2 h 45 min + 2 h 10 min = 4 h 55 min

27

180; 10 800; 60; 60; (3 · 60) · 60; Ja; 3 · (60 · 60); … das Verbindungs- bzw. Assoziativgesetz besagt, dass man bei Multiplikation die Klammern beliebig setzen und sogar weglassen darf.

28

a) 120 min; 300 min; **b)** 4 h; 10 h; **c)** 1 h; 10 h; **d)** 105 min; 296 s; **e)** 6000 s; 7203 s; **f)** 20 h; 20 min

29

a) 96 h; 5760 min; **b)** 14 d; 336 h; 20 160 min; **c)** 17 d; 408 h; 1 468 800 s; **d)** 730 d; 17 520 h; 1 051 200 min; 63 072 000 s; **e)** 13 d; 18 720 min; 1 123 200 s; **f)** 56 h; 201 600 s

30

Umwandeln hilft! 10 min < 601 s (10 min 1 s) < 1390 s (23 min 10 s) < 3120 s (52 min) < 55 min < 1 h 15 min < 4 h (240 min) < 245 min

31

a) 30 min; **b)** 90 min; **c)** 15 min; **d)** 6 min; **e)** 0,8 sind 8 Zehntel, also $8 \cdot 6$ min = 48 min. Offensichtlich ist die Kommaschreibweise nicht sehr praktikabel, da nicht das komplette Zehnersystem dahintersteckt. Man müsste die Minuten erst in das 60er-System umrechnen.

32

a) Falsch. $13 \cdot 365$ d = 4745 d, also etwa 4750 d. **b)** Stimmt, da $183 \cdot 24 \cdot 60$ min = 263 520 min
c) Falsch, da $90 \cdot 60$ s = 5400 s; **d)** Stimmt, da z. B. 8 min $\cdot$ 2 = 16 min und 16 min $\cdot$ 181 = 2896 min.

33

Mehrere Lösungen möglich! Z. B.: 9:03 Uhr Ankunft Hauptbahnhof, dann Fußweg zum Museum ca. 20 min. Führung beginnt um 9:30 Uhr und geht bis 10:30 Uhr, danach ca. 30 min Basteln mit technischen Geräten. Fußweg zum Stadtpark ca. 30 min, dann Essen, Spielen und Entspannen bis 12:50 Uhr. Kinofilm: von 13:15 Uhr bis 14:45 Uhr, danach wieder 20 min Fußweg zum Hauptbahnhof bis ca. 15:05 Uhr. Realistisch wäre also der Zug um 15:13 Uhr, Robin wäre um 15:40 Uhr am Heimatbahnhof.

34

a) 8 Uhr morgens; 24 Uhr nachts; **b)** 20 Uhr abends; 5 Uhr morgens; **c)** 22 Uhr nachts; 5 Uhr morgens; **d)** 3 Uhr morgens; 12 Uhr mittags. Bei **b)**, **c)** und **d)** wird Mitternacht überschritten, somit hat man die Datumsgrenze überschritten.

35

Nach 8 h 55 min wäre es in Berlin 22:35 Uhr. Dann ist es in New York aber erst 16:35 Uhr.

Vermischte Aufgaben

36

a) 2; **b)** 6; **c)** 1 999 983,5 g oder 1,9999835 t; **d)** 17; **e)** z. B. 3 006 998 002 mg

37

a) R2, Ergebnis 90; **b)** R1, Ergebnis 5 999 977 mg; **c)** R2, Ergebnis 15 min; **d)** Hier kommt es auf deine Vorkenntnisse an! Wenn du weißt, dass 2,5 gerade 10 mal in die 25 passt, kannst du R2 wählen. Wenn du lieber ohne Kommazahlen rechnest, wähle R1, Ergebnis 10.

38

a) (A) und (B) passen zu Term (1), (C) passt zu Term (2); **b)** Bei Term (1) wird eine Größe (hier Länge) durch eine Anzahl geteilt. Somit muss das Ergebnis die gleiche Einheit wie der Dividend haben. Wenn aber Dividend und Divisor beide die gleichen Größeneinheiten besitzen (hier cm), ist der Quotient eine Zahl ohne diese Einheit (z. B. eine Anzahl).

39

a) 20 kg = 20 000 g; 20 000 g : 250 g = 2000 g : 25 g = 80, also 80 Portionen; **b)** 7,20 € = 720 ct; 720 ct : 12 = 60 ct

40

a) 2000 m = 2 km; 780 g; **b)** 60 t; 1300 cm = 13 m; **c)** 1800 min = 30 h = 1 d 6 h; 1800 s = 30 min;
d) 5800 mg = 5,8 g; 11 000 mm = 11 m; **e)** 72347,3 kg = 72,3473 t; 5487,6 m = 5,4876 km

41

a) drei; rechts; drei; 788 400 g = 788,4 kg; zwei; links; 7,884 g;

b) 9,227 t; 8393 cm = 83,93 m; 0,009 km = 9 m; 9268,2 kg = 9,2682 t

42

a) 7; **b)** 2; **c)** 300 min = 5 h; **d)** 20 kg; **e)** 100; **f)** 80 cm

43

a) Die Klasse hat 240 € eingenommen.
b) Doppelt so viele, nämlich 960 Stück.
c) Vermutlich am zweiten Tag, da die Klasse 5 b viel mehr verkauft hat als die Klasse 5 a. Vielleicht hatte die Klasse 5 b aber auch einfach die besseren Kuchen. Oder sie haben mehr Werbung gemacht?

44

Term: 10 € − (6 · 0,6 + 3 · 0,80 € + 0,65 € + 2 · 0,45 + 2 €) = 0,45 €. Ja, das Geld reicht, es bleiben noch 45 ct übrig.

45

Ohne Lücke bringt er genau 5 Kästen unter, nämlich 3 in der Breite (damit beträgt die Tiefe nur noch 80 cm, da die Kästen 20 cm breit sind) und jeweils einen in der Tiefe.

46

Familie Hermanns bezahlt insgesamt 161,18 €.

47

a) Die Firma hat mit 82 kg gerechnet; **b)** 26 Kinder dürfen maximal mitfahren.

48

a) 120 mm : 6 mm = 20; Brenndauer: 20 h; **b)** 180 mm : 36 = 5 mm; sie wird um 5 mm pro Stunde kürzer.

49

a) Brenndauer der grünen Kerze: 30 h, nach 15 h sind beide Kerzen jeweils 6 cm hoch.
b) Die grüne Kerze hat sicher einen breiteren Durchmesser als die rote, da sie langsamer abbrennt.

Achsensymmetrie

1

a) falsch; **b)** richtig; **c)** richtig; **d)** falsch; **e)** richtig

2

A; B; C; D; E; H; I; M; O; T; U; V; W; X; Ä; Ö; Ü und – je nach Schrift – evtl. noch K und Y; wenn man die Achsen einzeichnet, sieht das dann beispielsweise so aus:

A M etc.

3

z. B.: HEIDE (Achse waagerecht); OTTO (Achse senkrecht); DICH (Achse waagerecht); UHU (Achse senkrecht); BEIDE (Achse waagerecht)

4

a)/b)/c) Man erhält einen Stern mit fünf Zacken. Die gespiegelten Punkte: A′(3 | 4,5); B′(3,5 | 3); C′(5 | 3); D′(3,5 | 2,5); E′(4 | 1); F′(3 | 2); **d)** A = A′ und F = F′, da A und F auf der Spiegelachse liegen (A und F sind so genannte Fixpunkte, das heißt, sie verändern ihre Lage nicht).

5

a) Rechteck: Zwei Spiegelachsen, jeweils senkrecht und waagerecht durch die Mitte; **b)** Vier Spiegelachsen: zwei wie bei einem Rechteck, zusätzlich zwei durch die Diagonalen durch die Mitte; **c)** Unendlich viele Spiegelachsen, die alle durch den Mittelpunkt verlaufen müssen; **d)** Drei Spiegelachsen, jeweils durch eine Ecke und die gegenüberliegende Seite, genau durch die Mitte.

Punktsymmetrie

6

H; I; N; O; S; X; Z

7

a) Man erhält ein W.

b) Beim Punktspiegeln erhält man immer eine „gedrehte" Bildfigur, also in diesem Fall immer ein M. Nur die Lage der Bildfigur hängt vom Symmetriezentrum ab.

c) S (4,5 | 4)

8

a) falsch, z. B. das A ist achsen- aber nicht punktsymmetrisch; **b)** falsch, z. B. das O ist beides; **c)** richtig

Das Koordinatensystem

1

Man erhält ein „Haus“:

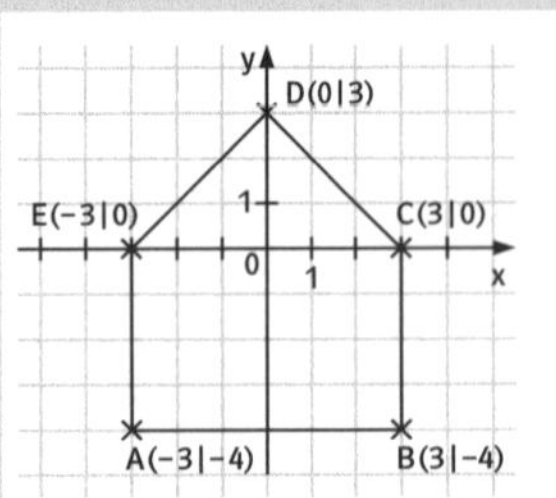

2

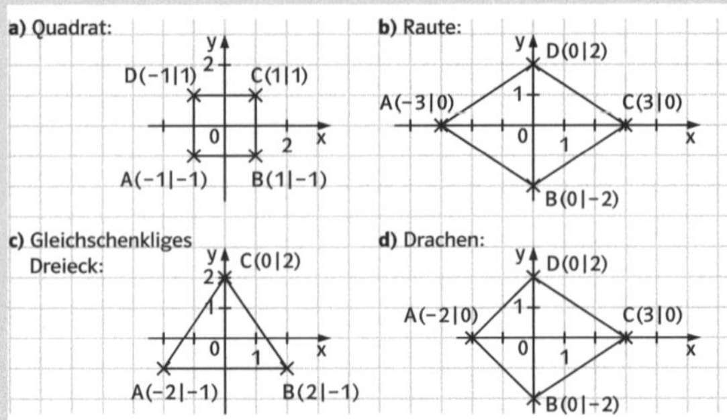

Entfernung und Abstand

3

a) Eine Strecke ist eine geradlinige Verbindung zwischen zwei Punkten. Wenn ihre Endpunkte A und B heißen, nennt man die Strecke zwischen A und B kurz $\overline{AB}$. Die Länge dieser Strecke, die man ebenfalls mit $\overline{AB}$ bezeichnet, kann man mit einem Lineal oder einem Geodreieck messen. (In manchen Büchern wird die Länge einer Strecke auch mit $|\overline{AB}|$ bezeichnet.) **b)** Als Abstand zwischen einem Punkt und einer Geraden wird die kürzeste Entfernung zwischen dem Punkt und der Geraden bezeichnet. Um den Abstand zu messen, muss man das Geodreieck so anlegen, dass eine Verbindungslinie zwischen Punkt und Gerade möglichst klein ist. Dies ist der Fall, wenn die Verbindungslinie orthogonal (also senkrecht) zu der Geraden ist.

4

a) $\overline{AB} = 5\,\text{cm}$;

b) Der Abstand zur waagerechten Achse beträgt 8 cm, der Abstand zur senkrechten Achse 3 cm.

Vierecke

5

a) trifft auf alle zu; **b)** und **c)** treffen auf alle bis auf das allgemeine Viereck zu; **d)** und **e)** treffen auf Rechteck und Quadrat zu; **f)** und **g)** treffen auf Raute und Quadrat zu

6

a) D(6 | 3); **b)** D(1 | 1); **c)** D(9 | 4); **d)** D(4 | 2); **e)** D(4 | 2)

7

a) richtig; **b)** falsch (Rauten müssen keine rechten Winkel haben); **c)** richtig (das Quadrat erfüllt alle Eigenschaften der Raute, nur verfügt es zusätzlich noch über rechte Winkel); **d)** richtig; **e)** falsch, da nicht alle Seiten gleich lang sein müssen; **f)** richtig; **g)** richtig; **h)** falsch; **i)** richtig

8

a) Der Drachen ist ein achsensymmetrisches Viereck mit jeweils zwei gleich langen Seiten. Die gleich langen Seiten sind benachbart. **b)** Das symmetrische Trapez hat zwei parallele Seiten. Durch die Mittelpunkte dieser Seiten verläuft eine Symmetrieachse. Die anderen beiden Seiten sind gleich lang.

Umfang und Flächeninhalt

9

a) Es kann ein Rechteck sein (gegenüberliegende Seiten gleich lang) oder ein Quadrat (alle Seiten gleich lang).
b) Rechteck: z. B. *1. Möglichkeit:* $a = 1\,m$; $b = 3\,m$; Probe: $1\,m + 3\,m + 1\,m + 3\,m = 8\,m$;
2. Möglichkeit: $a = 0{,}5\,m$; $b = 3{,}5\,m$; Probe: $0{,}5\,m + 3{,}5\,m + 0{,}5\,m + 3{,}5\,m = 8\,m$;
c) Bei einem Quadrat: $8\,m : 4 = 2\,m$; also Seitenlänge $a = 2\,m$

10

Z. B. bei einem Rechteck mit $a = 1$ Kästchenlänge und $b = 3$ Kästchenlängen umschließt das Gehege insgesamt 3 Kästchen, bei einem Rechteck mit $a = 0{,}5$ Kästchenlänge und $b = 3{,}5$ Kästchenlängen umschließt das Gehege insgesamt eindreiviertel Kästchen; bei dem Quadrat mit $a = 2$ Kästchenlängen werden 4 Kästchen umschlossen. Das Quadrat ist also die Möglichkeit mit dem größten Inhalt.

11

a) $u = a + a + b + b = 2 \cdot a + 2 \cdot b = 2 \cdot (a + b)$; **b)** $u = a + a + a + a = 4 \cdot a$

12

a) $u = 4 \cdot 6\,cm = 24\,cm$; **b)** $u = 2 \cdot (2\,cm + 7\,cm) = 2 \cdot 9\,cm = 18\,cm$; **c)** $u = 2 \cdot (5\,cm + 30\,cm) = 2 \cdot 35\,cm = 70\,cm$;
d) $u = 2 \cdot 2\,cm + 4\,cm + 2 \cdot 6\,cm = 20\,cm$

13

a) $40\,cm - 2 \cdot 5\,cm = 30\,cm$; $30\,cm : 2 = 15\,cm$, also $b = 15\,cm$; **b)** $32\,cm : 4 = 8\,cm$, also $a = 8\,cm$

14

a) $13 \cdot 25 = 325$, also gibt es 325 Plätze; **b)** $320 : 20 = 16$, also gibt es 16 Reihen

15

a) Länge mal Breite, also $A = 4\,cm \cdot 6\,cm = 24\,cm^2$; **b)** $A = a \cdot b$; **c)** $A = a \cdot a = a^2$

16

a) $A = 5 \cdot 8 = 40$ Kästchen; **b)** Man behält den Abstand von 2 Seiten bei und „kippt" die zwei anderen gegenüberliegenden Seiten im gleichen Winkel beispielsweise nach links. Das entstandene Parallelogramm hat den gleichen Flächeninhalt wie das ursprüngliche Rechteck. Du kannst das besonders gut sehen, wenn du das Parallelogramm ausschneidest und so zerteilst und wieder zusammenfügst, dass du wieder das Rechteck erhältst.

17

a) $A = 5 \cdot 4 = 20$ Kästchen; **b)** $A = 10$ Kästchen; **c)** Das Dreieck hat einen halb so großen Flächeninhalt wie das Rechteck mit der gleichen Grundseite und der gleichen Höhe. Dies wird durch den Flächeninhalt des bei c) vorgegebenen Dreiecks bestätigt (ebenfalls 10 Kästchen).

Einheiten der Flächenberechnung

18

Gleichwertig sind: **a)** und 6); **b)** und 1); **c)** und 4); **d)** und 2); **e)** und 3); **f)** und 5);
Flächeninhalte: **a)** und 6); **c)** und 4); **d)** und 2); **f)** und 5); der Term **f)** $4\,mm \cdot 4\,mm$ kann für den Flächeninhalt eines Quadrates stehen: 4 mm ist dann die Seitenlänge des Quadrats.

19

$1\,dm^2 = 100\,cm^2$; **b)** $4\,cm^2$; $16\,cm^2$; $64\,cm^2$; **c)** $10\,000\,cm^2$; $1\,000\,000\,m^2$

20

a) $4\,dm^2$; $2\,m^2$; **b)** $8000\,cm^2$; $0{,}07\,m^2$; **c)** $0{,}0004\,km^2$; $7\,000\,000\,m^2$; **d)** $0{,}3938\,m^2$; $905{,}9499\,dm^2$;
e) 5,7385 a; 8,38 ha

21

a) m; 16,074 m²; **b)** cm; 130,465 cm²; **c)** km; 3,312 km²; **d)** mm; 2,32 mm²; **e)** m; 11 250 m²
Geordnet nach der Größe: $2{,}32\,mm^2 < 130{,}465\,cm^2 < 16{,}074\,m^2 < 11\,250\,m^2 < 3{,}312\,km^2$

Körper

22

a) Zylinder; Würfel; Quader; **b)** z. B. Dreieckprisma; Dreieck-/Viereckpyramide; Kegel; Kugel

23

a) 1; 0; 0; **b)** 3; 2; 0; **c)** 6; 12; 8; **d)** 6; 12; 8; **e)** 5; 9; 6; **f)** 2; 1; 1; **g)** 5; 8; 5

24

a) $l = 12 \cdot 11\,cm = 132\,cm$; **b)** Seitenlänge der kurzen Seite: 4 cm, die andere Seite ist 8 cm lang.
Also kann der Quader entweder die Maße $4\,cm \cdot 4\,cm \cdot 8\,cm$ oder $4\,cm \cdot 8\,cm \cdot 8\,cm$ haben.

25

Nein

26

a) Es gibt mehrere Möglichkeiten, je nachdem, ob man die Fläche knickt oder nicht. Wenn man sie nur rollt, kann man einen Zylinder ohne Grundflächen herstellen. Wenn man das Rechteck der Länge nach in vier gleich große Teile knickt, erhält man vier quadratische Seiten, also wäre auch ein Würfel und erst recht ein Quader möglich. Teilt man das Rechteck in drei bzw. sechs Teile, kann man ein Dreiecksprisma bzw. ein Sechseckprisma herstellen.
b) Hier gibt es nur eine Möglichkeit: Kegel (ohne „Boden").

27

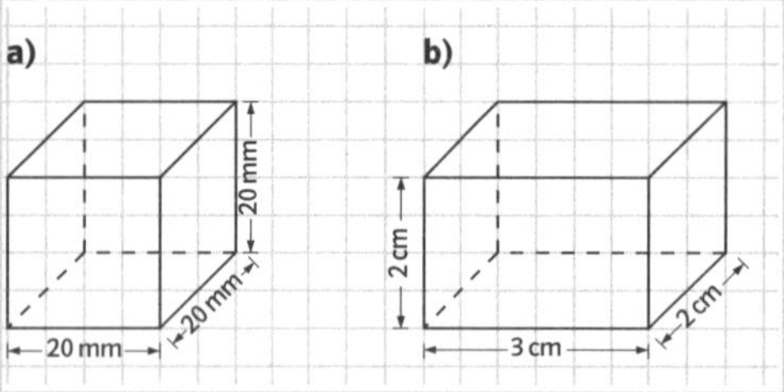

Volumen

28

a) 1 l; 0,75 l bzw. 750 ml (Dreiviertel Liter); **b)** Länge; Breite; multipliziert; Länge mal Breite mal Höhe; **c)** Seitenlänge mal Seitenlänge mal Seitenlänge, also $a \cdot a \cdot a = a^3$

29

a) $1\,cm^3$; **b)** $V = 6\,cm \cdot 8\,cm \cdot 3\,cm = 144\,cm^3$; es passen also 144 Stück hinein; **c)** 1000 Stück

30

Richtig sind: **a)** $1\,dm^3 = 1000\,cm^3$; **b)** $1\,cm^3 = 1000\,mm^3$; **c)** $1\,m^3 = 1000\,dm^3$
$1\,mm^3$: Kubikmillimeter; $1\,cm^3$: Kubikzentimeter oder Milliliter; $1\,dm^3$: Kubikdezimeter oder Liter; $1\,m^3$: Kubikmeter

31

a) $4\,dm^3$; $70\,cm^3$; **b)** $20\,000\,cm^3$; $800\,000\,mm^3$; **c)** 0,7364 l; $7000\,cm^3$; **d)** $8{,}472\,dm^3$; $7{,}109869\,dm^3$;
e) 43,795 l; $0{,}000838\,m^3$

Kreise

1

Ecken – Zirkel – Mittelpunkt – Abstand – Radius – Sehne – Durchmesser

2

a) Der Radius ist die Hälfte des Durchmessers, also 1,5 cm. Stelle den Zirkel mithilfe eines Lineals auf 1,5 cm ein. Markiere den Mittelpunkt und ziehe mit dem eingestellten Zirkel einen Kreis.
b) Der Durchmesser d ist dann doppelt so groß, also d = 8 cm.
c) Der Durchmesser d ist dann doppelt so groß, also $d = 2 \cdot r$.

3

a) (Benennung der Punkte kann abweichen) A(−4 | 0), B(4 | 0), C(0 | −4), D(0 | 4)
b) Die Koordinaten verdoppeln sich ebenfalls.
c) Die Koordinaten werden ebenfalls halbiert.

4

a) M(2 | 2,5); **b)** Der Radius ist 2,5 cm groß. **c)** Die Sehne liegt auf der y-Achse und ist 3 cm lang.

5

a) r = 1 cm, d = 2 cm; **b)** r = 4 cm; d = 8 cm; **c)** r = 2 cm; d = 4 cm; **d)** r = 5 cm; d = 10 cm

6

a) Unendlich viele. **b)** M(4 | 0); r = 2, d = 4

Winkel

7

Winkel – Schenkeln – Halbgeraden – Scheitel/Scheitelpunkt – Kreisbogen – griechischen – alpha – beta – gamma – delta – epsilon.

8

Es sind vier Winkel. Benennungen z. B. mit den ersten vier Buchstaben des griechischen Alphabets: α, β, γ, δ. Der gemeinsame Schnittpunkt ist der Scheitel der entstandenen Winkel.

9

Gegenüberliegender Winkel: 330°

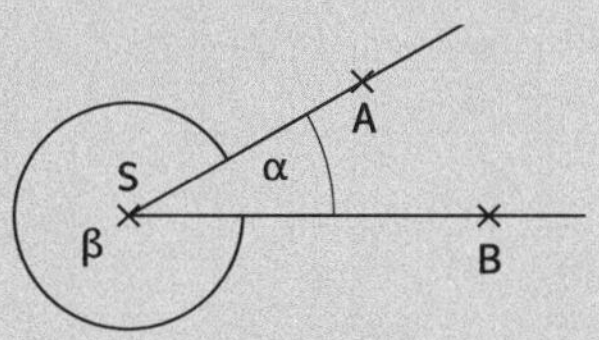

10

a) Es ist ein Rechteck, das heißt, es besitzt vier rechte Winkel und die gegenüberliegenden Seiten sind gleich lang.

z. B.

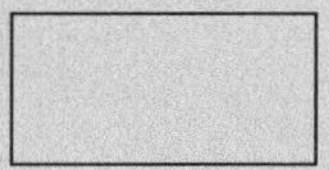

b) Es ist ein Quadrat, das heißt, es besitzt vier rechte Winkel und sogar alle vier Seiten sind gleich lang.

z. B.

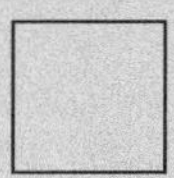

11

a) zu 4); **b)** zu 6); **c)** zu 2); **d)** zu 5); **e)** zu 3); **f)** zu 1)

12

a) stumpf; **b)** spitz; **c)** rechter Winkel; **d)** spitz; **e)** Vollwinkel; **f)** überstumpf; **g)** gestreckt

Winkel an Geraden

13

a) Eine Gerade ist geradlinig und hat keinen Anfangs- bzw. Endpunkt. Sie ist also unendlich lang.

b) … da, wo sie sich schneiden, 4 rechte Winkel entstehen, also wenn sie sich im 90°-Winkel schneiden.
c) … beide orthogonal zu einer dritten Geraden sind, also wenn sie keinen gemeinsamen Schnittpunkt haben, aber beide die dritte Gerade im 90°-Winkel schneiden.

14

a) Es entstehen vier Winkel.
b) Nur zwei unterschiedliche Winkel entstehen, jeweils zwei sind gleich.

15

a) Die gegenüberliegenden Winkel. **b)** Man erhält 180°. **c)** 180°; **d)** gleich groß.

16

Der Winkel a ist außerdem eine „Stufe" weiter oben zu finden (Stufenwinkel), ebenfalls als Scheitelwinkel und als nach oben „verschobener" Scheitelwinkel (Wechselwinkel). Also: Scheitelwinkel, Wechselwinkel und Stufenwinkel sind gleich groß. Das gilt immer.

Lösungsskizze:

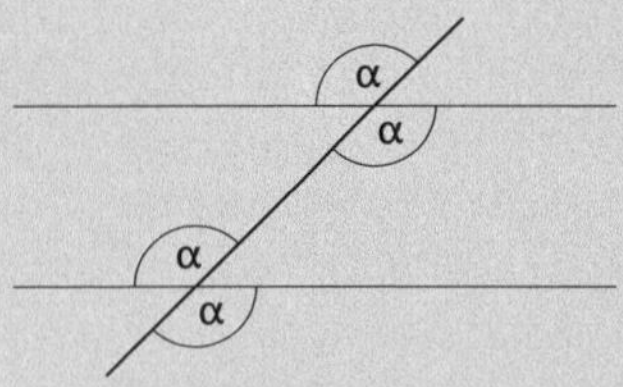

7./8. Klasse

Zuordnungen

1

a) 1200 m; **b)** 600 m; **c)** 6 km/h; **d)** Wegen des Berges; **e)** Mit ungefähr 3 km/h

2

z. B.: **a)** Zeit in s; **b)** Gewicht in g oder kg; **c)** Zeit in min; **d)** Temperatur in °C

3

Tabelle (B) passt; Term: $2 \cdot x + 3$

4

Tabelle: 0; 0,15; 0,3; 0,45; 0,6; 0,75; 0,9; 1,05; 1,20; 1,35; 1,50;
Schaubild:

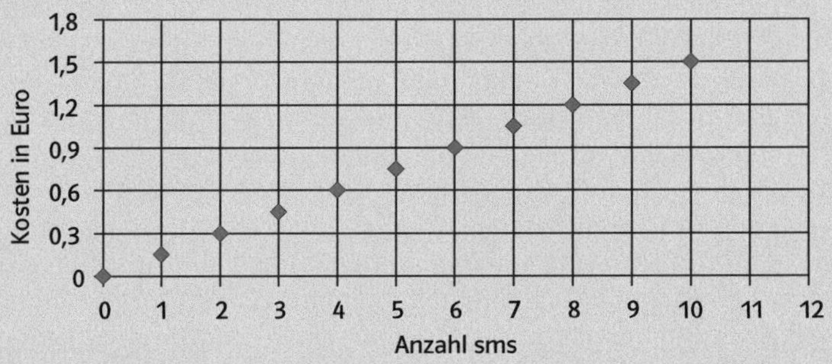

Proportionale und antiproportionale Zuordnungen

5

a) richtig; **b)** falsch; **c)** richtig; **d)** richtig; **e)** richtig

6

a) … zum Doppelten (Dreifachen, Vierfachen …) der Eingabegröße auch das Doppelte (Dreifache, Vierfache …) der Ausgabegröße gehört.
b) Nein, wenn die Eingabegröße „mehr wird", muss auch die Ausgabegröße „mehr werden". Ist das nicht der Fall, ist es ja gar nicht mehr möglich, dass z. B. dem Doppelten der Eingabegröße auch das Doppelte der Ausgabegröße zugeordnet wird.

7

a) … 9 Karren Heu. Proportional, da dem Dreifachen der Eingabegröße das Dreifache der Ausgabegröße zugeordnet werden kann.
b) … ebenso 60 min., wenn man sie gleichzeitig backt. Nicht proportional. Da hier nicht gilt: „Je mehr … desto mehr …", kann keine Proportionalität vorliegen.
c) Diese Aufgabe kann man nicht durch Berechnungen lösen, da sich die beiden Größen nicht gleichartig verhalten. Also: nicht proportional.

8

a) 40 min; **b)** 10 min; **c)** Insgesamt waren sie zu acht, das heißt Carina hatte sieben Helfer.

9

a) … zum Doppelten (Dreifachen, Vierfachen …) der Eingabegröße die Hälfte (ein Drittel, ein Viertel …) der Ausgabegröße gehört.
b) Nein, wenn die Eingabegröße „mehr wird", muss die Ausgabegröße „weniger werden". Ist das nicht der Fall, ist es ja gar nicht mehr möglich, dass z. B. dem Doppelten der Eingabegröße die Hälfte der Ausgabegröße zugeordnet wird.

10

a) 24; 16; 12; 8; 6; 4; 3; 2;
b) Antiproportional: wenn doppelt so viele sich beteiligen, muss jeder nur halb so viel bezahlen, bei dreimal so vielen Schenkenden bezahlt jeder nur ein Drittel etc.

11

a) (p); **b)** (p); **c)** (p); **d)** (ap); **e)** (ap); **e)** (ap); **f)** (ap)

12

a) fehlende Tabellenwerte: 7; 6; 4; 0,5; 0,7; Zuordnungsvorschrift: $x \mapsto 0{,}25\,x$;
b) fehlende Tabellenwerte: 3; 2,5; 0,2; $1,\overline{1}$; 0,1

13

a) nein; **b)** ja; **c)** ja; **d)** nein; **e)** nein

14

a) Nein, bei Verdopplung der Seitenlänge vervierfacht sich der Flächeninhalt;
b) Nein, bei Verdopplung der Kantenlänge verachtfacht sich das Volumen;
c) ja

Anwendungsaufgaben – Dreisatz

15

	Anzahl Eier	Anzahl Kuchen	
·8	7	3	·8
	56	24	

Mit 56 Eiern kann man 24 Kuchen backen.

16

1,44 km = 1440 m = 120 · 12 m

2 · 1,44 km = 240 · 12 m

240 · 5 Bäume = 1200 Bäume

Für die Allee werden 1200 Bäume gebraucht.

17

	Wassermenge in l	Beetgröße in m^2	
:4	88	3	:4
·1000	22	24	·1000
	220 000	10 000	

Für die Bewässerung von 1 ha Blumenfeldern werden 220 m^3 Wasser gebraucht.

18

	Anzahl Hügel	Zeit in h	
	5	36	
:36			:36
	$\frac{5}{36}$	1	
·60			·60 (≙ 2,5 Tage)
	$8\frac{1}{3}$	60	

In 2,5 Tagen werden acht Hügel fertig.

19

a) Für vier Gäste werden 160 g Mehl, 40 g Speisestärke, 100 g Margarine, 2 Eier, 60 g Zucker und 20 g Kakao gebraucht.
b) Für 10 Gäste werden 400 g Mehl, 100 g Speisestärke, 250 g Margarine, 5 Eier, 150 g Zucker und 50 g Kakao gebraucht.

20

Zu A_1: $3600\,cm^2 \cdot 30\,cm = 108\,000\,cm^3$; zu A_2: $108\,000\,cm^3 = 6400\,cm^2 \cdot 16{,}875\,cm$;
zu A_3: $108\,000\,cm^3 = 10\,000\,cm^2 \cdot 10{,}8\,cm$. Im zweiten Becken steht das Wasser 16,875 cm hoch, im dritten 10,8 cm.

21

	Preisnachlass in %	Preisnachlass in €	
	15	225,00	
:225			:225
	$\frac{15}{225} = \frac{1}{15}$	1,00	
·375			·375
	25	375,00	

Für eine Ersparnis von 375,00 € wäre ein Preisnachlass von 25 % nötig.

22

	Hunde	Portionen	
	4	12	
:4			:4
	1	3	
·6			·6
	6	18	

	Portionen	Zeit in Tagen	
	18	1	
:18			:18
	1	$\frac{1}{18}$	
·54			·54
	54	3	

Sechs Hunde brauchen für 54 Portionen Futter drei Tage.

Prozentanteile

1

a) 29,75 l; **b)** 121,212 g; **c)** 0,6 km; **d)** 168,428 m; **e)** 10 h; **f)** 46,24 kg

2

a) 4 %; **b)** 60 %; **c)** 3,8 %; **d)** 0,4 %; **e)** $\frac{25}{100}$ = 25 %; **f)** 144 %; **g)** $\frac{48}{100}$ = 48 %; **h)** $\frac{0{,}29}{100}$ = 0,29 %

Prozente und Brüche

3

a) $\frac{36}{100}$ = 36 %; **b)** $\frac{32}{1000}$ = 3,2 %; **c)** $\frac{52}{100}$ = 52 %; **d)** $\frac{76}{1000}$ = 7,6 %; **e)** $\frac{8{,}6}{1000}$ = 0,86 %; **f)** $\frac{1400}{1000}$ = 140 %; **g)** $\frac{0{,}62}{10} = \frac{6{,}2}{100}$ = 6,2 %;
h) $\frac{56}{10\,000}$ = 0,56 %

4

a) 0,04 = 4 %; **b)** 0,034 = 3,4 %; **c)** 9,4 = 940 %; **d)** 1,55 = 155 %; **e)** 0,0928 = 9,28 %;
f) 0,00504 = 0,504 %

Grundaufgaben zur Prozentrechnung

5

a) 5 %; **b)** 4,375 %; **c)** 8,54 %; **d)** 55 %; **e)** 2,17 %; **f)** 7,73 %

6

a) 25 m^2 sind 25 % von 100 m^2; **b)** 30 dm^3 sind 20 % von 150 dm^3; **c)** 4,5 cm^3 sind 12,5 % von 36 cm^3;
d) 440 ha sind 55 % von 800 ha; **e)** 5,2 dm^3 sind 14,4 % von 36 dm^3; **f)** 260 000 mm^2 sind 500 % von 520 mm^2

7

a) 40,43 €; **b)** 52,57 l; **c)** 130,95 cm^3; **d)** 120 h; **e)** 206,25 kg; **f)** 4,33 m

8

a) 6,69 €; **b)** 0,073 l; **c)** 2,53 m^2; **d)** 145 h sind 21 % von 690,476 h ≈ 28,8 d; **e)** 1,2 min;
f) 0,113 dm^3

9

a) 128,00 €; **b)** 45 g; **c)** 1,26 km; **d)** 23,52 kg; **e)** 12,25 t; **f)** 9,375 l

10

a) 8 %; **b)** 26 l; **c)** 45,387 km; **d)** 63 %; **e)** 55 dm; **f)** 4450,73 s

Vermehrter und verminderter Grundwert

11

a) 103,8 % entsprechen 132,00 €

1 % entspricht 132,00 € : 103,8

100 % entsprechen $\frac{132{,}00\,€}{103{,}8} \cdot 100 = 127{,}17\,€$;

b) 655,5 g; c) 1257,19 m; d) 562,62 l; e) 51,9 dm; f) 6,57 t

12

a) 100 % − 3,85 % = 96,15 %

96,15 % entsprechen 99,95 €

1 % entspricht 99,95 € : 96,15

100 % entsprechen $\frac{99{,}95\,€}{96{,}15} \cdot 100 = 103{,}95\,€$;

b) 46,03 g; c) 8,26 km; d) 871,98 ml; e) 72,33 cm; f) 907,41 km

Anwendungen

13

a) 19,00 € entsprechen 100 %

1,00 € entspricht 100 % : 19

14,60 € entsprechen $\frac{100\,\%}{19} \cdot 14{,}60$

$\frac{100\,\%}{19} \cdot 14{,}60 = 76{,}84\,\%$

100 % − 76,84 % ≈ 23 %;

b) 23 %; c) 32 %; d) 28 %; e) 36 %;

14

a) 76,00 €; 72,20 €; b) 205,20 €; 194,94 €; c) 3,98 €; 3,78 €; d) 29,70 €; 28,22 €; e) 4420,00 €; 4199,00 €; f) 252 064,00 €; 239 460,80 €

15

Firma „Rohrbruch“: 19 % von 5700,00 € = 1083,00 €; 5700,00 € + 1083 € = 6783,00 €; Die Firma „Rohrbruch“ ist um 83,00 € teurer als die Firma „Pitschpatsch“. Familie Moll wird sich also für die Firma „Pitschpatsch“ entscheiden.

16

50 % von 80,00 € = 40,00 €; 70 % von 40,00 € = 28,00 €; 40,00 € − 28,00 € = 12,00 €; Die Schuhe kosten am zweiten Tag noch 12,00 €. Marlis hat die 70 % Preisnachlass auf den Ursprungspreis bezogen statt auf den bereits um 50 % reduzierten Preis.

17

6,98 € + 0,56 € = 7,54 €; 7,54 € + 0,60 € = 8,14 €; 8,14 € + 0,65 € = 8,79 €; 8,79 € + 0,70 € = 9,49 €;
6,98 € + 2,23 € = 9,21 €. Die Kunden sind zu Unrecht empört, da das um 32 % verteuerte Produkt immer noch preiswerter ist als das in vier Jahren langsam teurer werdende Produkt.

18

a) 522,50 €; b) 497,42 €; c) 530,15 €; Fine hat Unrecht. Wenn der Grundpreis erst reduziert wird und die Mehrwertsteuer in Bezug auf diesen verminderten Betrag berechnet wird, wird der Endbetrag preiswerter.

19

8 %	entsprechen	120,00 €
1 %	entspricht	120,00 € : 8
100 %	entsprechen	$\frac{120{,}00\,€}{8} \cdot 100 = 1500{,}00\,€$

In dem Portemonnaie waren 1500,00 € gewesen.

20

a) Preise ohne Mehrwertsteuer:

119 %	entsprechen	6664,00 €
1 %	entspricht	6664,00 € : 119
100 %	entsprechen	$\frac{6664{,}00\,€}{119} \cdot 100 = 5600{,}00\,€$

779,83 €; 3354,00 €; 7800,00 €

b) Preise mit 16 % Mehrwertsteuer: 6496,00 €; 904,60 €; 3890,64 €; 9048,00 €;

Gesamtrechnung der Familie Ronn: 20 339,24 €; Gesamtrechnung der Familie Senn: 20 865,26 €; Familie Ronn hat gegenüber Familie Senn insgesamt 526,02 € gespart. (Wenn du anders gerundet hast, kann dein Ergebnis leicht abweichen.)

21

a) Jeans: 45 €; T-Shirt: 26 €; Rock: 29 €; Jacke: 37 €; **b)** Lisa zahlt 82,20 €, Ramona muss 137,00 € zahlen. Lisa bekommt 120,00 € Taschengeld und behält noch 37,80 € übrig. Ramona hat nur noch 23,00 € übrig, das sind 14,80 € weniger.

22

Nettopreise: 633,00 €; 977,00 €; 1224,00 €; 11 955,00 €; Bruttopreise: 542,05 €; 2336,68 €; 14 927,60 €; 3606,06 €

Zinsrechnung

23

a) 0,58 €; 17,33 €; 207,90 €; **b)** 0,08 €; 2,30 €; 27,65 €; **c)** 8,57 €; 257,00 €; 3084,05 €; **d)** 0,01 €; 0,31 €; 3,68 €

24

a) 0,89 €; 13,39 €; 94,06 €; **b)** 2,43 €; 36,51 €; 256,46 €; **c)** 12,48 €; 187,27 €; 1315,61 €; **d)** 0,06 €; 0,96 €; 6,73 €

25

Ein preiswerter Kredit über vier Monate würde Herrn Moll an Zinsen 115,70 € kosten. Nimmt er für 13,75 % die 3500,00 € und für 17,75 % die 4300,00 €, so muss er 160,42 € + 254,42 € = 414,84 € Zinsen zahlen. Das ist mehr als 3,5-mal so viel.

26

a) Der Zinssatz beträgt ca. 47%. Das ist mehr als Wucher. **b)** Der Zinssatz beträgt 22%. Auch das ist viel zu hoch.

27

Der Bekannte verlangt für das Leihen des Geldes für einen Monat 21 % Zinsen, für zwei Monate Ausleihe setzt er einen Zinssatz von 24 % fest und für das Ausleihen über sechs Monate will er sogar 28 % Zinsen haben.

28

1. Quartal: 142,50 €; 2. Quartal: 149,53 €; 3. Quartal: 154,83 €; 4. Quartal: 159,10 €; Gesamtzinsen im Jahr: 605,96 €

29

Der Zinssatz für ein Jahr müsste 4,04 % betragen.

Ganze Zahlen

1

Negative Zahlen: −9; −7986; −2; −1 000 097; −15; −7;

Natürliche Zahlen: 9769; 4; 12; 0; 1000; 17; 1;
Ganze Zahlen: alle Zahlen aus den beiden ersten Spalten

2

Skizze (nicht maßstabsgetreu)

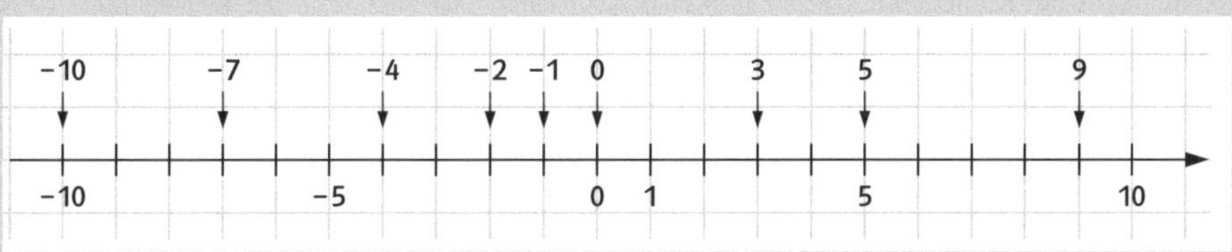

3

a) −8 > −9; −100 > −1000; −1 < 0; **b)** 5 < 6; −199 < 200; 10 > −10; **c)** −17 < −16; 10 000 > −100 000; −31 > −32;
d) 31 < 32; 3 < 2 000 000; −100 < 99; Die 3 liegt genau so weit von der Null entfernt wie −3.

4

a) −11° < −8° < −6° < −5° < −4° < −3° < −2° < −1° < 0° < 1° < 2°;
b) Am kältesten war es in München (−11°), am wärmsten in Bonn (2°); Temperaturunterschied: 13°

Addition und Subtraktion

5

a) Nicht nur manchmal, sondern immer! **b)** Falsch. Bei den negativen Zahlen verhält es sich genau andersherum als bei natürlichen Zahlen: −5° sind nicht mehr als −2°, sondern 3° weniger! **c)** Richtig.

6

a) 5; **b)** 14; **c)** 17

7

a) passt zu (2), **b)** zu (4), **c)** zu (1) und **d)** zu (3). Vermutlich ist Term (4) am leichtesten, da der Subtrahend kleiner ist als der positive Minuend. Term (2) ist gleichwertig zu Term (4), wenn du zuerst vertauschst.

8

rechts; 2; negatives; Null; 18; links; negatives; die Null überschritten wird bzw. da 18 > 10.

9

7; −7; 28; **b)** −7; 1; −18; **c)** 3; −12; −1; **d)** −20; −91; −18

10

a) 2; −5; 1; **b)** 108; 0; −14; **c)** −200; 6; 29; **d)** −39; 39; 10

11

Es kommt jeweils das gleiche Ergebnis heraus. Also: Man kann sich immer die geschickteste Variante heraussuchen und den Term vor dem Berechnen entsprechend umwandeln. Wichtig ist beim Vertauschen, dass man das Vorzeichen der Zahlen „mitnimmt".
a) 20; −200; −32; **b)** −20; 22; −580; **c)** 30; 42; 24

12

Erste Zeile: 7; 8; 9; 10; zweite Zeile: −4; −5; −6; −7; rechts, größer; links; kleiner

13

a) 18; 27; 36; **b)** 12; 11; 10; **c)** 7; 0; −7; **d)** -26; 0; -23; **e)** −4; −104; −108

14

a) (102 − 99) − (28 − 17) = 3 − 11 = −8;
b) (−28 − (−63)) − (54 + 72) = (−28 + 63) − (54 + 72) = 35 − 126 = −91

15

a) … = 24 − 112 = −88; sprachlicher Ausdruck: Subtrahiere die Summe von 39 und 73 von der Differenz der Zahlen 39 und 15.
b) … = (24 − 89) − (76 − 45) = −65 − 31 = −96; Sprachlicher Ausdruck: Subtrahiere die Differenz der Zahlen 76 und 45 von der Summe der Zahlen 24 und −89.

Vorzeichen und Rechenzeichen

16

Es gehören zusammen: **a) f)** [oder g)] **l)**; **b) h)** [oder e)] **i)**; **c) e)** [oder h)] **j)**; **d) g)** [oder f)] **k)**

17

a) … = 25 − 15 − 2 + 82 + 54 − 72 − 70 + 18 = 20;
b) … = 99 − 39 + 39 − 87 + 28 + 62 − 101 + 9 = 10

18

a) Gerris Kontostand insgesamt:
2 · 10 000 € + 3 · 5000 € + 7 · 2000 € + 15 000 € + 3 · (−15 000 €) + 2 · (−2500 €) + (−10 000 €) + (−5000 €)
= 20 000 € + 15 000 € + 14 000 € + 15 000 € + (−45 000 €) + (−5000 €) + (−10 000 €) + (−5000 €)
= 64 000 € + (−65 000 €) = 64 000 € − 65 000 € = −1000 €.

Svenjas Kontostand insgesamt:
3 · 1000 € + 4 · 15 000 € + 3 · 5000 € + 6 · (−2000 €) + 3 · (−10 000 €) + 4 · (−5000 €) + (−15 000 €)
= 3000 € + 60 000 € + 15 000 € + (−12 000 €) + (−30 000 €) + (−20 000 €) + (−15 000 €)
= 78 000 € + (−77 000 €) = 1000 €.

b) Svenja hat gewonnen; sie hat am Schluss 2000 € mehr als Gerri.

Multiplikation und Division

19

Es gehören zusammen: **a) g)** [oder h)] **i)**; **b) e)** [oder f)] **j)**; **c) f)** [oder e)] **l)**; **d) h)** [oder g)] **k)**;
positiv; negativ

20

a) −27; 27; −27; **b)** −9; −9; 9; **c)** 8; −8; 8; **d)** −48; −48; 48; **e)** 49; 49; −7

Rechenregeln bei ganzen Zahlen

21

a) −140; **b)** −19; **c)** −1; **d)** 0; **e)** 0; **f)** −389; **g)** −8; **h)** 50; **i)** 79

22

a) −84; **b)** 58; **c)** −43; **d)** −54

23

a) … $= (-45+5):(2+3) = (-40):5 = -8$;
b) … $= 15 + 12:4 = 15+3 = 18$;
c) … $= (20+8) - (-100-(-60)):2 = 28 - (-40):2 = 28 - (-20) = 28 + 20 = 48$;
d) … $= 21 - (-60 - (36 - 12)):(-12)\cdot 3 = 21 - (-60 - 24):(-12)\cdot 3 = 21 - (-84):(-12)\cdot 3 = 21 - 7\cdot 3 = 21 - 21 = 0$

24

a) −18; **b)** 10; **c)** −10

25

a) −2; **b)** 15; **c)** Jede Zahl ist eine richtige Lösung. Probiere es aus!

26

a) Jana: $x\cdot(-4) + (-12) = -4$; Jona: $x:(-5) - (-13) = 10$; Juno: $(x\cdot(-4)):(-1) = 2\cdot 2\cdot x$
b) Anhand des Terms sieht man: Auf der rechten Seite steht nach Vereinfachung $4\cdot x$. Links darf man die Klammern weglassen, da es nur Punktrechnungen gibt, und da Minus durch Minus wieder Plus ergibt, steht links ebenfalls $4\cdot x$. Egal was man also für x einsetzt, die Gleichung stimmt immer!

27

a) … 96; 192; 384 … Vorschrift: ·2; **b)** … −11; −14; −17 … Vorschrift: −3; **c)** … −122; −114; −106 … Vorschrift: +8;
d) … −4; 4; −4 … Vorschrift: ·(−1); **e)** … −3000; 30 000; −300 000 …
Vorschrift: ·(−10)

28

a) Differenz: 360 m. Die Differenz ist jedoch weniger interessant, wichtiger ist, ob zwischendurch viele Täler und Berge überwunden werden mussten.
b) 60 m + 340 m + 410 m + 530 m + 40 m = 1380 m, davon waren
60 m + 410 m + 40 m = 510 m Anstieg und 340 m + 530 m = 870 m Abstieg.

Magische Quadrate

29

a) nein (wegen der Diagonalen); **b)** ja, magische Summe: 8

30

Alle vier Quadrate sind Zauberquadrate mit den magischen Summen −15; −3; −12; 3. Wenn man ein großes Quadrat aus allen vier kleinen magischen Quadraten legt, entsteht tatsächlich wieder ein neues Zauberquadrat.

Termumformungen

1

a) $4a$; **b)** $12a^2+11a$; **c)** $-13a+4b$; **d)** $50b^2+70b$; **e)** $11c-20cx$

2

a) $45a^3b^2-64a^3b^3=-19a^3b^3$;
b) $25m^2n^2x^3-25mnx$;
c) $52v^4w^4-68v^4w^4=-16v^4w^4$;
d) $81abx^2p^2+121abx^2p^2=202abx^2p^2$;
e) $144abm^2+12abm^2=156abm^2$

3

a) $13b$; **b)** $4mns$; **c)** 11; **d)** $4ab$; **e)** $9\frac{q^3}{p^3}$

4

a) $189a^2l^2m^2$; **b)** $513p^4$; **c)** $231a^3m^3v^3$; **d)** $2100v^4l^4h^4$; **e)** $7212d^5e^5$

5

a) msv; **b)** $-\frac{1}{3}st^2-\frac{1}{9}s^2t$; **c)** $\frac{7}{12}pq$; **d)** $\frac{17}{30}o^2-\frac{8}{225}o^2t$; **e)** $\frac{23}{33}v^2s^2+\frac{71}{330}v^2s$

6

a) $-\frac{1}{3}x^3p^3$; **b)** 0; c) 0; **d)** $\frac{12}{7}k^4d^4$; **e)** $2e^2f^2$

7

a) $4{,}7u+5{,}4uv$; **b)** $8{,}2am+7{,}7a^2m$; **c)** $101{,}01eo$; d) $8{,}64qrs+17{,}66qrs^2$; **e)** $10{,}97x^2pf^2-3{,}84xp^2f$

8

a) $20{,}688x^2m^2$; **b)** $6{,}7057p^2l^2i^2$; **c)** $779{,}418+4u^2p^2$; **d)** 0; **e)** $74{,}72p^3z^3$

9

a) 0; **b)** $-7{,}5z^2-6{,}5z$; **c)** $\frac{1}{2}+\frac{9}{10}a$; **d)** $29pqr^2+7p^2q^2r^2$

10

a) = c) = d) = f) = h)

11

a) $-3a+27b$; **b)** $18(3a^2b+2ab+1)$; **c)** $m^2n^2+8mn+16$

12

a) $5x^3+35x^2-90x$; **b)** $27b^2+27b-30$; **c)** $a^3+15a^2+71a+105$; **d)** $72a^3+138a^2+62a+8$;
e) $96x^2+156xy-72y^2$

13

(A) → **b)**; (B) → **c)**; (C) → **d)**; (D) → **a)**

Binomische Formeln – Faktorisieren

14

a) $8x^2(3x-1)$; **b)** $11u^6v^6(4+uv)$; **c)** $9(7+9a^2)$; **d)** $110e^4(2+3f)$; **e)** $99u(u^2-2u+3)$

15

a) $\frac{1}{9}u(u-4)$; **b)** $\frac{1}{3}ab\left(ab+\frac{1}{3}a+\frac{1}{2}b\right)$; **c)** $95(axy+2bxy+1)$; **d)** $19{,}8\,pqr$; **e)** $\frac{1}{u}(a^2+b^2+c^2)$

16

a) $8x^2(3x-1+9x^2)$; **b)** $16m(4m-n)$; **c)** $5v^3w^4(5v^3w^2+15v+1)$; **d)** $\frac{1}{7}fg^2(4-5f)$;
e) $3a(a+3b+2b^2)$

17

a) $(u+v)(u-v)[(u+v)(u-v)+1]$ oder $(u^2-v^2)[u^2-v^2+1]$;
b) $4(a^2-b^2+a)$; **c)** $(m+n)[(m+n)+(m-n)^2]$; **d)** $(2x+y)\,4x$

18

a) $9+6s+s^2$; **b)** $t^2-8t+16$; **c)** $4u^2+4uw+w^2$; **d)** $p^2-12pq+36q^2$; **e)** $\frac{1}{4}a^2-am+m^2$;
f) $b^2+\frac{2}{3}bn+\frac{1}{3}n^2$

19

a) → (C); **b)** → (E); **c)** → (F); **d)** → (A); **e)** → (B); **f)** → (D)

20

a) $(3a+9b)(3a-9b)$; **b)** $\frac{1}{4}a^2-\frac{1}{4}$; **c)** $(7+11u)(7-11u)$; **d)** $1{,}21u^2-1{,}21v^2$;
e) $(1{,}3m+1{,}3)(1{,}3m-1{,}3)$; **f)** $\left(\frac{1}{2}p+\frac{1}{4}q\right)\left(\frac{1}{2}p-\frac{1}{4}q\right)$

21

a) $0{,}81e^2+0{,}54ef+0{,}09f^2$; **b)** $(0{,}9e+0{,}3f)(0{,}9e-0{,}3f)$; **c)** $\frac{1}{7}s^2-\frac{2}{7}st+\frac{1}{7}t^2$; **d)** $\left(\frac{1}{6}a+\frac{1}{6}b\right)\left(\frac{1}{6}a-\frac{1}{6}b\right)$; **e)** $(17x-y)^2$

22

a) $2(a+x)^2$; **b)** $5(2u+3y)^2$; **c)** $3(1-b)^2$; **d)** $0{,}5(e+1)^2$

23

a) $15a(a-3+2b)$; **b)** $12x^2y^3z(2+12z^3-z)$; **c)** $\frac{2}{5}m^2n^2\left(m^2n^2+3n+\frac{1}{5}m\right)$; **d)** $(x^2-9)\cdot 2$

24

a) $21^2=(20+1)^2=400+40+1=441$;
b) $39^2=(40-1)^2=1600-80+1=1521$;
c) $102^2=(100+2)^2=10\,000+400+4=10\,404$; **d)** $199^2=(200-1)^2=40\,000-400+1=39\,601$
e) $52^2=(50+2)^2=2500+200+4=2704$

25

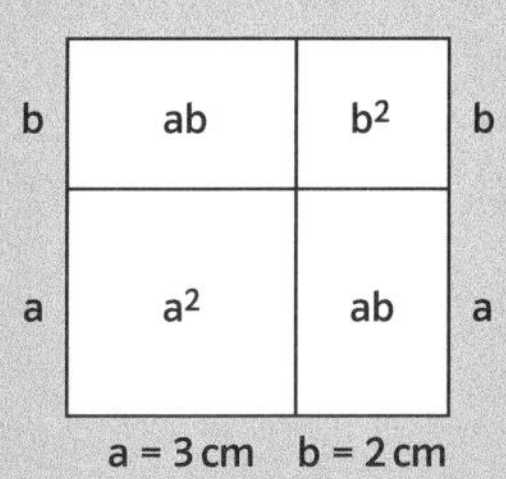

Terme

26

a) $x = 0$; $x = -\frac{1}{9}$; **b)** $x = 4$; **c)** $x = 0$; $x = 0{,}25$; **d)** $x = 0$; $x = \frac{1}{3}$; **e)** $x = 5$; $x = -5$; **f)** $x = 0$; $x = 0{,}25$

27

a) 0; 451,5; 34,45; **b)** 0; 18,15; 9,8125; **c)** 0; 253,125; 2,040625; **d)** 0; 966,3046875; −0,63249

28

a) $6b^2c$; **b)** $4x^3y^3z$; **c)** $\frac{1}{4}mnpq$; **d)** $32k^3l^3$

29

a) $12ab$; **b)** $3xy^2z^3$; **c)** $2p^5q^5$; **d)** $3u^2$ und uvw

30

a) $5ab$; **b)** $(m+3n)$; **c)** $(9-7pq+11p)$; **d)** $(e+10)$

31

a) $+9b^2$ und $(4a-3b)^2$;
b) $+126pq$ und $(7p+9q)^2$;
c) $(5x-25y)(5x+25y)$;
d) $16m^2$ und $16n^2$ und $(4m-4n)^2$

32

[C] ist richtig; ≈ 0,06

33

a) $24\cdot(6-6)+8 = 8$; **b)** $24:6-6\cdot(3+2) = -26$; **c)** $(3+x)\cdot 3 + 2\cdot(5+x) = 5x+19$;
d) $(u+v)\cdot(u-v) = u^2-v^2$; **e)** $(2x+2y)\cdot(2x+2y) = 4x^2+8xy+4y^2$

34

a) 146; **b)** −12; **c)** $4x+13$; **d)** $u+uv-v$; **e)** $2x+4xy+2y$

Bruchterme

35

a) $20ab$; **b)** aby; **c)** $9y^2$; **d)** $\frac{m^2}{12}$

36

a) $2a$; **b)** $\frac{y}{y-1}$; **c)** $\frac{(m-n)^3}{m+n}$; **d)** $\frac{(5-b)(b+1)}{5+b}$

37

a) $\frac{x}{2}$; **b)** $32a^3$; **c)** $\frac{10}{3}mpq$; **d)** $\frac{7a}{b^2}$

38

a) 15; **b)** $\frac{(x-y)^2}{(x+y)^2}$; **c)** $\frac{1}{21(r+s)}$; **d)** $130u^2v^2$

39

a) $\frac{3}{2m^2}+\frac{1}{2}$; **b)** $-2+\frac{4}{x^2}$; **c)** $2+\frac{a^2}{1-a^2}$; **d)** $\frac{-13b-42}{b^2}-1$

40

a) 6; **b)** $\frac{(p+q)^2}{(p-q)^2}$; **c)** u^2v^2; **d)** $\frac{1}{b^2}$

41

a) $\frac{8}{3-4a}$; b) a; c) $\frac{19x^2+12x-6}{48y}$; d) $\frac{2x^2+12}{45x}$

42

a) $\frac{-64}{(p+4)^2}$; b) $\frac{11}{15m+15}$; c) $\frac{27a^2+30a-5}{3a+3}$; d) $\frac{-x+17y}{x^2-y^2}$

Bruchgleichungen

43

a) $11b^3$; b) $(x-y)^2$; c) $12m^2n+8mn^2$

44

a) $\mathbb{D} = \mathbb{Q}\setminus\{0\}$; $\mathbb{L} = \left\{\frac{1}{3}\right\}$; b) $\mathbb{D} = \mathbb{Q}\setminus\{-2\}$; $\mathbb{L} = \{1\}$; c) $\mathbb{L} = \{\ \}$, da $\mathbb{D} = \mathbb{Q}\setminus\{4\}$; d) $\mathbb{L} = \{\ \}$, da $\mathbb{D} = \mathbb{Q}\setminus\left\{\frac{1}{2}\right\}$

45

a) $\mathbb{D} = \mathbb{R}\setminus\{-2\}$; $\mathbb{L} = \left\{-\frac{13}{6}\right\}$; b) $\mathbb{D} = \mathbb{R}\setminus\{-3; 3\}$; $\mathbb{L} = \{0\}$; c) $\mathbb{D} = \mathbb{R}\setminus\{-1; 1\}$; $L = \{\ \}$

46

a) $\frac{7+x}{15+x} = \frac{5}{9}$; $x = 3$; b) $\frac{12}{23-x} = \frac{2}{3}$; $x = 5$; c) $\frac{4+x}{9-x} = \frac{9}{4}$; $x = 5$

Anwendungsaufgaben

47

a) x: kleiner Hund, 3x: großer Hund; Gleichung: $x+3x = 84$; Lösung: $x = 21$;
Der kleine Hund ist 21 Jahre = 3 Hundejahre alt; der große Hund ist 63 Jahre = 9 Hundejahre alt.
b) Gleichung: $2x = 2{,}5\cdot 36$; beide Papageien sind 45 Jahre alt.

48

a) x: älteste Schildkröte; Gleichung: $x+\frac{1}{4}x+2\cdot\frac{1}{4}x+3\cdot\frac{1}{4}x = 360$; Lösung: $x = 144$; Die älteste Schildkröte ist 144 Jahre alt, die zweitälteste 108 Jahre, die zweitjüngste 72 Jahre und die jüngste 36 Jahre.

b) x: Großvater; Gleichung: $x+21+x+x-24+5 = 197$; $x = 65$; Die Urgroßmutter ist 86 Jahre alt, der Großvater 65 und sein Sohn 41 Jahre.

49

a) Summe der ersten acht Primzahlen: $2+3+5+7+11+13+17+19 = 77$;

Gleichung: $x-77 = 3\cdot 11$; Lösung: $x = 110$. Die gesuchte Zahl ist 110.

b) Gleichung: $5x-8 = 42$; die gesuchte Zahl ist 10.

50

a) Gleichung: $x-3(x-1)-5(x+1) = 7x$; Lösung: $x = -\frac{1}{7}$; Die gesuchte Zahl ist $-\frac{1}{7}$.
b) Gleichung: $x+(x+1)+(x+2)+(x+3)+(x+4)-(x-1)-(x-2) = 46$; Die gesuchte Zahl ist 11.

51

a) x: zweite Zahl; Gleichung: $12x+x+\frac{1}{12}x = 157$; Lösung: $x = 12$; Die gesuchte zweite Zahl ist 12, die erste Zahl ist 144 und die dritte ist 1.

b) Gleichung: $\frac{1}{3}x+x+x+7 = 0$; Die zweite Zahl ist −3, die erste Zahl ist −1 und die dritte Zahl ist 4.

52

a) x: Zahl; x − 1: Vorgänger der Zahl; Gleichung: $(x+10)(x-1+11)=0$; Lösung: $x=-10$;
Vorgänger: −11; Die gesuchte Zahl ist −10, ihr Vorgänger −11.

b) Gleichung: $x:5+(x+2):6=4$; Die gesuchte Zahl ist 10, der „Nachnachfolger“ ist 12.

53

a) Gleichung: $4x+3(27-x)=97$; Es wurden 16 Portionen mit vier Kugeln und 11 Portionen mit drei Kugeln bestellt.

b) Gleichung: $3x+2(34-x)=98$; Es werden 30 3-Gänge-Menüs und vier 2-Gänge-Menüs bestellt.

54

a) Gleichung: $8x-(3x:4+29)=0$; die gesuchte Zahl ist 4;
b) Gleichung: $2+x+4=7$;
Die gesuchte Zahl ist 1.

55

a) x: Einerziffer; $2\cdot 10x$: Zehnerziffer; Gleichung: $(2\cdot 10x+x):4=21$; Die Zahl heißt 84.
b) Einerstelle einer Zahl: x; Quersumme 8, also Zehnerstelle:

$8-x$; Gleichung: $10x+(8-x)=10(8-x)+x+36$; Die ursprüngliche Zahl lautet 26.

56

a) x: Startpunkt des Geparden; $x+800$: Startpunkt des Zebras;
Gleichung: $140x=120\cdot(x+800)$; Nach 4,8 km hat der Gepard das Zebra erreicht.
b) x: Zeit des Windhundes bis zum Einholen (in h); $x+0{,}25$: Laufzeit des Mopses (in h);
Gleichung: $110x=5\cdot(x+0{,}25)$; Der Windhund hat den Mops in ca. 43 Sekunden eingeholt.

57

a) Gleichung: $15x+1{,}5x=2{,}5$; Tina und Lisa treffen nach gut 9 Minuten aufeinander.

b) $9\,\text{min}\cdot\frac{1{,}5\,\text{km}}{60\,\text{min}}=0{,}225\,\text{km}=225\,\text{m}$; $9\,\text{min}\cdot\frac{15\,\text{km}}{60\,\text{min}}=2{,}25\,\text{km}$; Lisa hat 2,250 km mit den Inlinern zurückgelegt, als sie auf Tina trifft, die nur 225 m mit ihren Krücken geschafft hat.

Lineare Funktionen

1

$y_1 = -2x+3$; $y_2 = \frac{1}{5}x-1$; $y_3 = 4x-1{,}5$; $y_4 = -0{,}5x+2{,}5$

2

zu **a)** gehört (B); zu **b)** gehört (D); zu **c)** gehört (A); zu **d)** gehört (C)

3

a) $y = -\frac{1}{4}x+5$; **b)** $y = 3x-0{,}75$

4

a) $y = 5$; $y = 11$; $y = 15$; $y = 21$; $y = 2x+1$; **b)** $y = 5$; $y = -4$; $y = -10$; $y = -13$; $y = -3x-1$

5

a) $y = -2x-0{,}5$; **b)** $y = \frac{2}{5}x+\frac{1}{5}$

Lage von Geraden

6

a) $S(1|1)$; **b)** $S\left(\frac{8}{3}\middle|\frac{11}{6}\right)$

7

a) $y = 3{,}7x+7{,}4$ und $N(-2|0)$; **b)** $y = -\frac{1}{3}x+\frac{1}{4}$ und $P\left(0\middle|\frac{1}{4}\right)$

8

a) Schnittpunkt $P(1|-3)$; **b)** Die Geraden sind zueinander parallel, da gleiche Steigung.
c) Die Geraden sind identisch, liegen aufeinander.

9

PKW 1 fährt um 16.00 h im Ort A_1 los und ist sechs Stunden später am Zielort C, der 300 km entfernt ist. Damit fährt er mit einer Geschwindigkeit von $50\frac{km}{h}$.
PKW 2 fährt um 17.00 h in A_2 los und ist 5,5 Stunden später in Zielort D, der 375 km weit entfernt ist. Die Geschwindigkeit beträgt ca. $68\frac{km}{h}$.
PKW 3 fährt um 18.30 h in A_3 mit einer Geschwindigkeit von $130\frac{km}{h}$ los und ist 2,5 Stunden später im 325 km entfernten Zielort E. Alle Pkws begegnen sich um 20.00 h bei Kilometer 200.

Interpretation von Geraden

10

Person 1 läuft mit einer Geschwindigkeit von $10\frac{km}{h}$ los, macht nach zwei Stunden (nach 20 km) eine zweistündige Pause. Die letzten 10 km legt sie mit der Anfangsgeschwindigkeit zurück und erreicht den 30 km entfernten Zielort nach fünf Stunden.
Person 2 läuft mit einer Geschwindigkeit von $5\frac{km}{h}$ los, macht nach drei Stunden (nach 15 km) eine einstündige Pause. Die letzten 5 km legt sie mit doppelter Geschwindigkeit zurück und ist nach 5,5 Stunden am 30 km entfernten Zielort.
Person 3 braucht für die ersten zehn Kilometer drei Stunden, geht also mit einer Geschwindigkeit von ca. $3{,}3\frac{km}{h}$. Danach macht sie 1,5 h Pause und legt die restlichen 20 Kilometer mit $8\frac{km}{h}$ zurück. Sie trifft nach sieben Stunden am Zielort ein.

Graphen linearer Funktionen

11

Steigung = 0,75: b); d);
Steigung negativ: a); e); f); g)
y-Achsenabschnitt > 0: a); d); f); y-Achsenabschnitt < 0: b); c); g); h) zueinander parallele Graphen: b) und d); e), g) und f)

12

a) $y = 2{,}5x - 1$; b) $y = -2{,}5x + 1{,}5$; c) $y = x + 4$; d) $y = \frac{5}{3}x - 2{,}5$

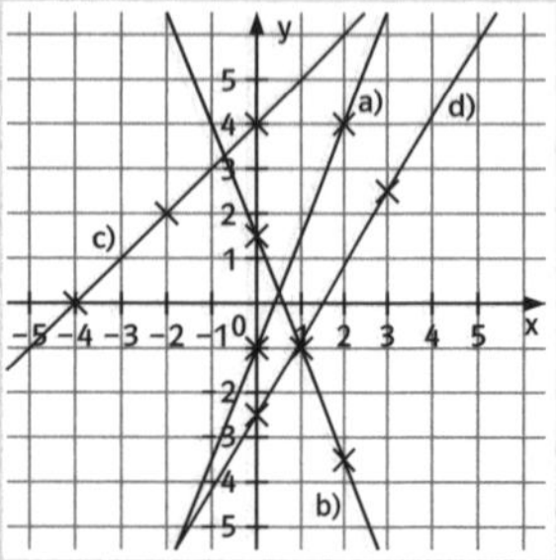

Lineare Gleichungssysteme

1

a) L = {(2 | 4)}; b) keine gemeinsame Lösung;

c)

$$\begin{array}{lrcrcrl} \text{I:} & 3x & - & 3y & = & -6 & |\cdot 4 \\ \text{II:} & -4x & + & 4y & = & 8 & |\cdot 3 \\ \hline \text{I:} & 12x & - & 12y & = & -24 & \\ \text{II:} & -12x & + & 12y & = & 24 & |+ \\ \hline & & 0 & & = & 0 & \end{array}$$

unendlich viele Lösungen

2

a) Additionsverfahren: L = {(4,75 | − 4,27)};
b) Einsetzungsverfahren: L = {(15 | − 10)};
c) Gleichsetzungsverfahren: L = {(− 2 | 7)}

3

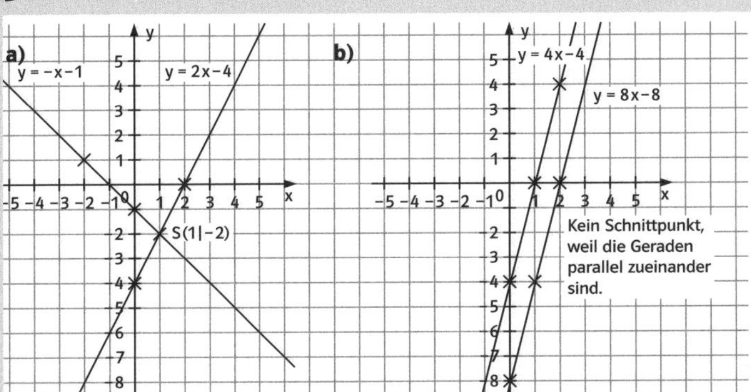

4

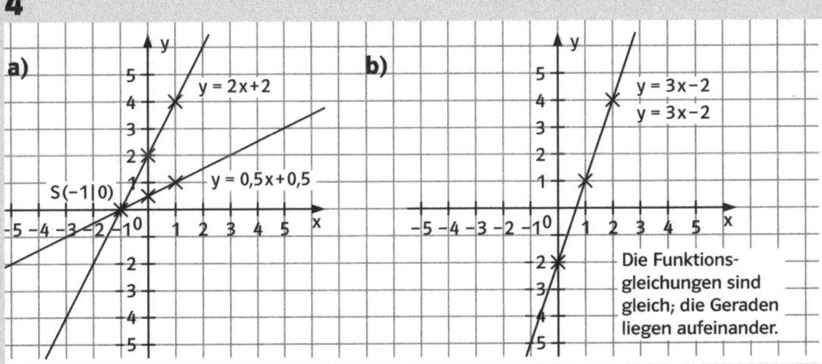

Anwendungsaufgaben

5

a) I: $K \cdot \frac{p-0{,}3}{100} = 205{,}20$ $K = 5\,400{,}00\,€$

II: $K \cdot \frac{p+0{,}4}{100} = 243{,}00$ $p = 4{,}1\,\%$

Frau Schott möchte 5 400,00 € anlegen.

b) Der aktuelle Zinssatz beträgt 4,1 %.

6

a) I: $\alpha + \beta + \gamma = 180°$

II: $\alpha + (\alpha + 44°) + (\alpha - 2°) = 180°$, weil gilt: $\alpha - 2° = \gamma$

und $\alpha + 44° = \beta$; $\alpha = 46°$, $\beta = 90°$, $\gamma = 44°$

b) I: $\alpha + \beta + \gamma = 180°$

II: $\alpha + 3\alpha + (\alpha + 35°) = 180°$

$\alpha = 29°$, $\beta = 87°$, $\gamma = 64°$

7

x: Länge von Patriks Zimmer; y: Breite von Patriks Zimmer;
I: $xy = (x+2)(y-1{,}75)$; II: $y = x + 1{,}25$; $A = 21\,m^2$;
Maße von Luisas Zimmer: 6 m lang und 3,5 m breit; Maße von Patriks Zimmer: 4 m lang und 5,25 m breit; Die Zimmer sind gleich groß.

8

I: $2a + 2b = 14$; II: $2 \cdot (2a+3) + 2 \cdot (3b-2) = 34$;
$a = 5\,cm$ (alt); $a = 13\,cm$ (neu); $b = 2\,cm$ (alt);

$b = 4\,cm$ (neu)

Datenerfassung

1

a) 0, 2, 2, 2, 3, 3, 4, 4, 5, 6, 7, 7, 7, 8, 8, 9, 9; Zentralwert: 5; Mittelwert: 5,066;
b) 12, 16, 21, 22, 25, 26, 27, 31, 32, 34, 34, 35, 43, 44, 45, 51; Zentralwert: 31,5; Mittelwert: 31,13;
c) 1,23; 1,46; 1,55; 1,56; 1,65; 1,67; 1,69; 1,77; 1,79; 1,87; Zentralwert: 1,66; Mittelwert: 1,62

2

a) Maximum = 48; unteres Quartil = 26; **b)** Minimum = 0,76; oberes Quartil = 1,66;
c) Spannweite = 791; Quartilabstand = 324

3

0,0,1,1,2,2,2,2,2,3,3,3,3,3,4,4,4,4,5,6; M = 2,7. Die befragten Kinder haben durchschnittlich knapp drei Großelternteile. Diejenigen, die keine Großeltern oder nur ein Großelternteil haben, fallen aus der Norm heraus, ebenso die mit 5 oder 6 Großelternteilen. Letzteres kann passieren, wenn z. B. durch Stiefelternteile weitere Großeltern hinzukommen.

4

Kinder: 0,1,2,3,3,3,4,4,4,5,5,6; M = 3,3; Enkel: 0,4,5,5,5,6,7,7,8,8,9,10; M = 6,2. Diejenigen Senioren, die keine oder höchstens zwei Kinder oder auch sechs Kinder haben, fallen aus der Norm heraus. Durchschnittlich hatte diese Generation drei Kinder oder sogar mehr.
Wenn man z. B. zwei Kinder hat und diese jeweils wieder zwei Kinder bekommen, so sind es schon vier Enkelkinder.

5

Fuß = 6; Rad = 5; Mofa = 4; Auto = 9; Bus = 5; Zug = 1; Straßenbahn = 3

6

1 × 34; 2 × 36; 2 × 38; 7 × 40; 5 × 42; 4 × 44; 3 × 46; 4 × 48; 1 × 50; 2 × 52; 1 × 54; 1 × 56; 1 × 58; 1 × 60;

Minimum: 34; Maximum: 60; Spannweite: 26; Median: 44; Mittelwert: 44,57;

unteres Quartil: 40; oberes Quartil: 48

7

Rangfolge der Werte: 95 / 97 / 98 / 99 / 100 / 102 / 105 / 106 / 107 / 109 / 110 / 110 / 112 / 114 / 118 / 120 / 122 / 125 / 133; Minimum: 95; Maximum: 133; Spannweite: 38;

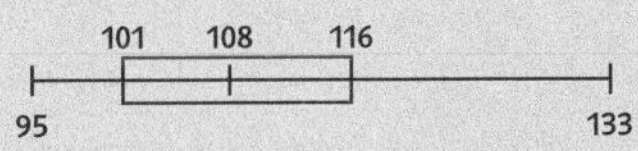

Median: $\frac{107+109}{2} = 108$; Mittelwert: $\frac{2186}{20} = 109{,}3$; unteres Quartil: 101; oberes Quartil: 116

8

a) Relative Häufigkeit: 0 %; 7,4 %; 18,5 %; 22 %; 25,9 %; 14,8 %; 7,4 %; 3,7 %;

b) Mittelwert: $\frac{124}{27} \approx 4{,}6$; **c)** Median: 5; **d)** Modalwert: 5

Wahrscheinlichkeiten

9

a) $\frac{1}{2}$; **b)** $\frac{1}{4}$; **c)** $\frac{1}{2}$; **d)** $\frac{1}{4}$

10

a) P{(2|6), (6|2), (3|5), (5|3)} = $\frac{1}{4}$; b) P{(3|6), (6|3), (5|6), (6|5), (5|5), (6|6)} = $\frac{3}{8}$

c) P{(2|3), (2|5), (6|3), (6|5)} = $\frac{1}{4}$; d) P{(2|2), (3|3), (5|5), (6|6)} = $\frac{1}{4}$

11

a) P{(6|5), (5|6)} = $\frac{1}{8}$; b) P{(2|3), (3|2)} = $\frac{1}{8}$; c) P{ } = 0; d) P{(3|2), (2|3)} = $\frac{1}{8}$

12

a) P(2|3) = $\frac{1}{4}$; b) P(3|5|6) = $\frac{7}{8}$; c) P(3|5) = $\frac{1}{2}$; d) P(2) = $\frac{1}{8}$

13

a) ; b) P{(2|2), (3|3), (5|5), (6|6)} = $\frac{5}{16}$; c) P{(3|6), (6|3)} = $\frac{3}{32}$; d) P{(2|3), (3|2)} = $\frac{1}{32}$

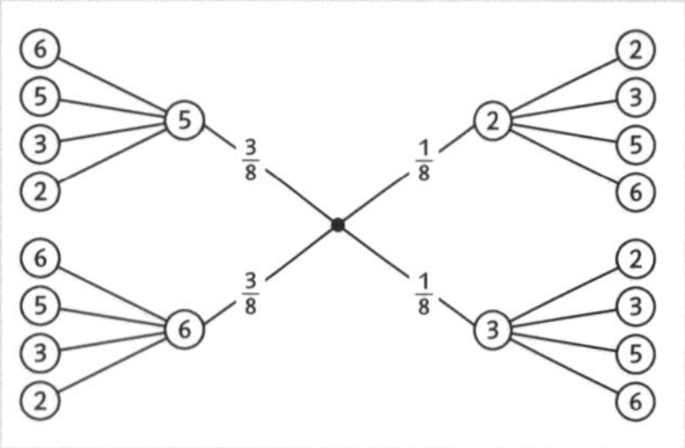

14

a) Ω = {(2|2), (2|3), (2|5), (2|6), (3|2), (3|3), (3|5), (3|6), (5|2), (5|3), (5|5), (5|6), (6|2), (6|3), (6|5), (6|6)};

b) P(2|2) = $\frac{1}{16}$; P(2|3) = P(3|2) = $\frac{3}{32}$; P(2|5) = P(5|2) = $\frac{1}{16}$; P(2|6) = P(6|2) = $\frac{1}{32}$; P(3|3) = $\frac{9}{64}$;
P(3|5) = P(5|3) = $\frac{3}{32}$; P(3|6) = P(6|3) = $\frac{3}{64}$; P(5|6) = P(6|5) = $\frac{1}{32}$; P(5|5) = $\frac{1}{16}$; P(6|6) = $\frac{1}{64}$;
c) P{(2|3), (3|2)} = $\frac{3}{16}$; P{(2|2)} = $\frac{1}{16}$; P{(3|3)} = $\frac{9}{64}$; P{(2|3), (3|2), (2|2), (3|3)} = $\frac{25}{64}$;
d) P{(2|3), (2|5), (6|3), (6|5)} = $\frac{15}{64}$

15

a) P(w) = $\frac{4}{7}$

b) $\frac{13}{14}$ ≈ 93%. Es müssten insgesamt 13 weiße Kugeln vorhanden sein, also 5 schwarze gegen weiße eingetauscht werden.

c) $\frac{1}{7}$ ≈ 14,3%. Es darf nur eine weiße mit 6 schwarzen Kugeln in der Urne sein.

d) P(s) = P(nicht w) = $\frac{3}{7}$

Winkelgrößen

1

a)

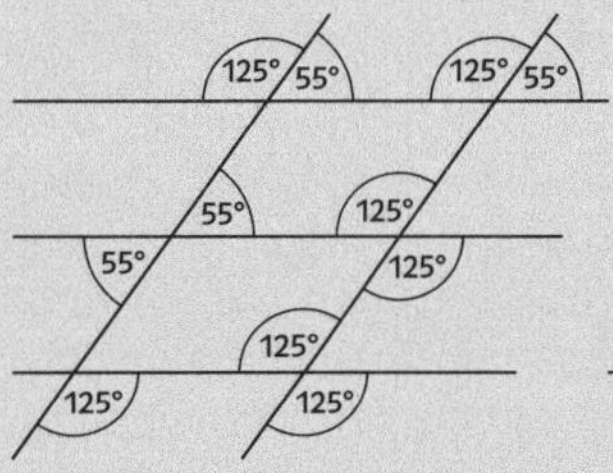

b)

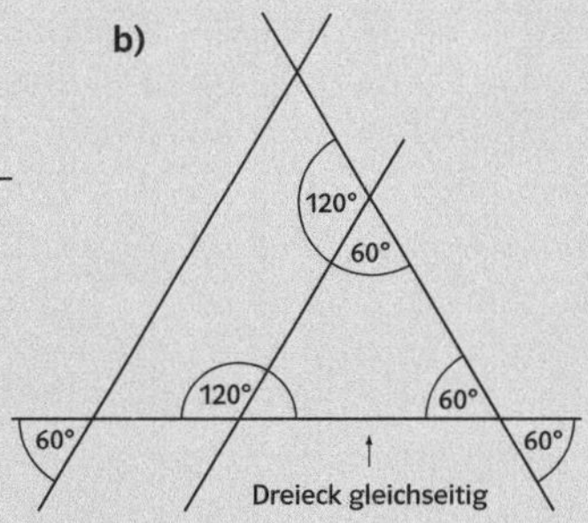

2

a)

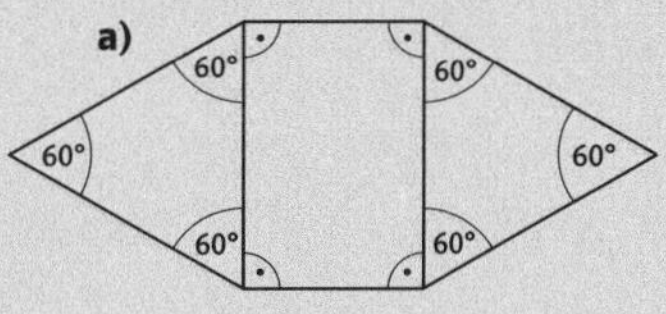

b)

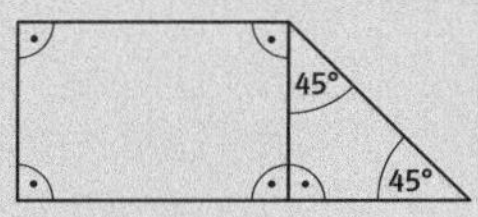

c)

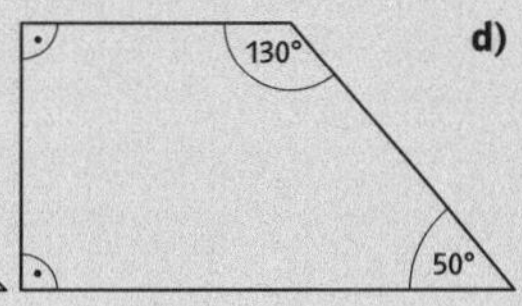

d)

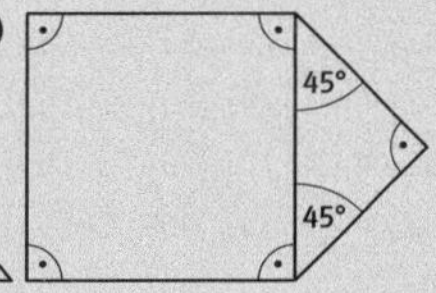

3

a) $\alpha = 28°$, $\beta = 56°$, $\gamma = 84°$, $\delta = 192°$; **b)** $\beta = 77°$, $\alpha = 90°$, $\gamma = 64°$, $\delta = 129°$; **c)** $\alpha = \gamma = 44°$, $\beta = \delta = 136°$

4

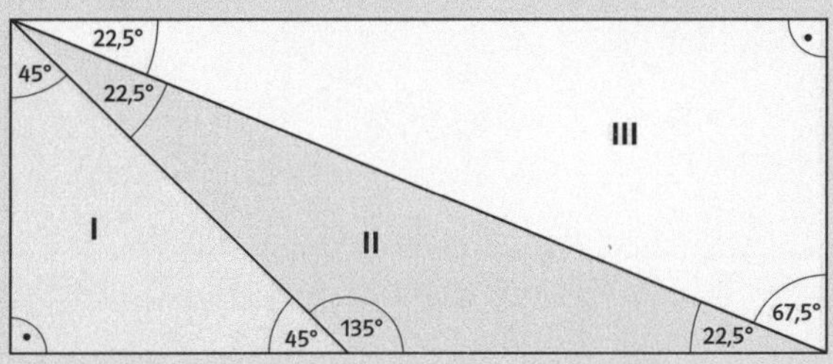

5

a) $\gamma = 46°$, stumpfwinklig; **b)** $\gamma = 103°$, stumpfwinklig; **c)** $\alpha = 90°$, rechtwinklig; **d)** $\gamma = 4°$, spitzwinklig; **e)** $\gamma = 90°$, rechtwinklig; **f)** $\alpha = 32°$, $\beta = 64°$, $\gamma = 84°$, spitzwinklig

6

a) $\alpha = 120°$, $\beta = 40°$, $\gamma = 20°$; **b)** $\alpha = 44°$, $\beta = 11°$, $\gamma = 125°$; **c)** $\alpha = 30°$, $\beta = 30°$, $\gamma = 120°$; **d)** $\alpha = 89°$, $\beta = 89°$, $\gamma = 2°$; **e)** $\alpha = 140°$, $\beta = 20°$, $\gamma = 20°$; **f)** $\alpha = 20°$, $\beta = 80°$, $\gamma = 80°$

7

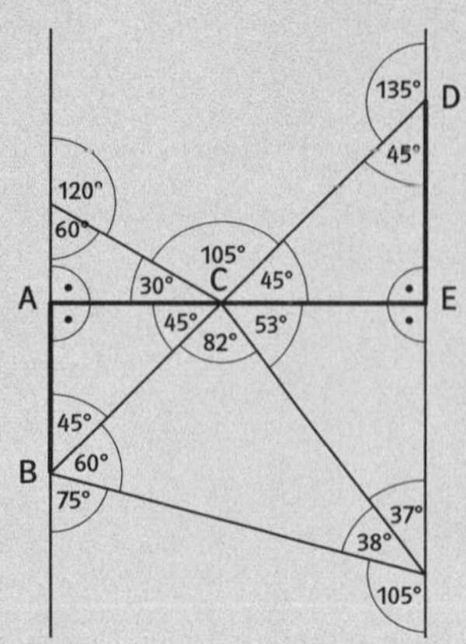

8

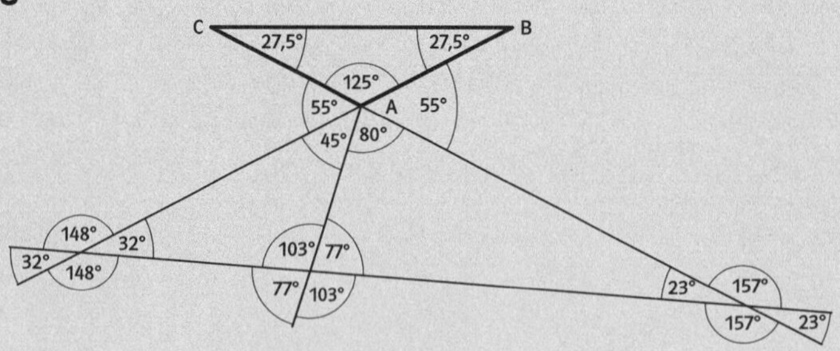

9

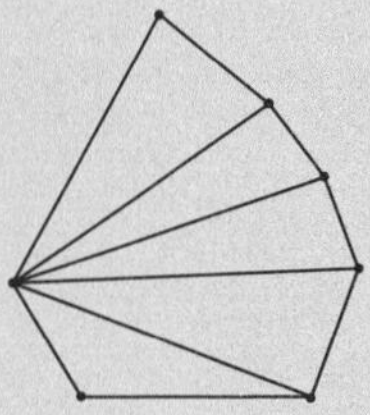

$5 \cdot 180° = 900°$

10

vier rechte Winkel  ;

zwei rechte Winkel,
ein spitzer und ein stumpfer 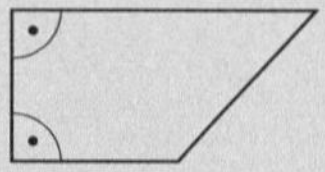 ;

ein rechter Winkel,
zwei spitze und ein stumpfer 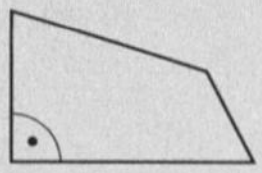 ;

ein rechter Winkel,
zwei stumpfe und ein spitzer 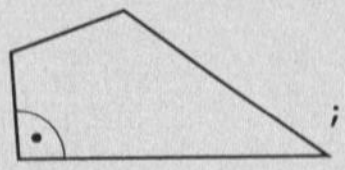 ;

drei spitze Winkel
und ein stumpfer 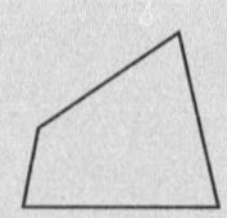 ;

drei spitze Winkel
und ein überstumpfer 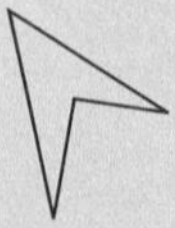 ;

zwei spitze Winkel
und zwei stumpfe 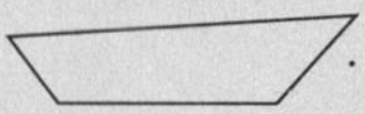 .

Dreiecke

1

a) gleichseitiges Dreieck; **b)** gleichschenkliges Dreieck; Höhe auf Basis; **c)** 45°; Winkelhalbierende des rechten Winkels; Seitenhalbierende der Basis; Mittelsenkrechte auf die Basis;
d) den Schenkeln des rechten Winkels

2

a) Winkelhalbierenden; **b)** Mittelsenkrechten; im gleichseitigen Dreieck; **c)** den Winkel $\gamma = 90°$

3

a)

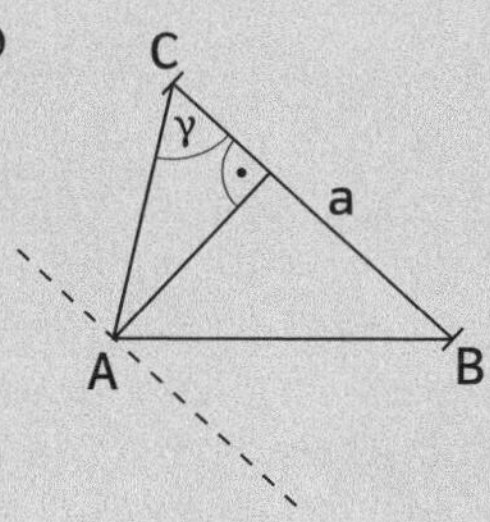

b) Die Kongruenzsätze lauten: sss, sws, wsw, sSw. Für die vorliegende Konstruktion ist zum Winkel nur eine Dreiecksseite gegeben. Die andere Linie h ist die Höhe auf die Seite a, selber aber keine Dreiecksseite.

4

a)

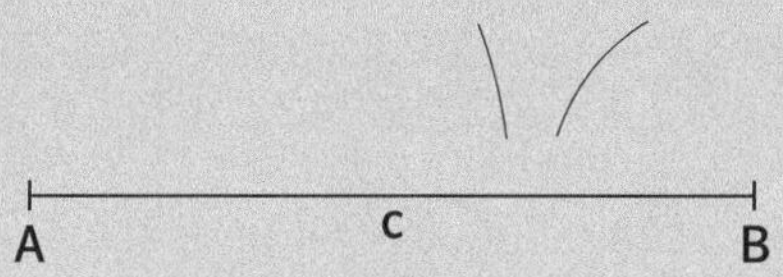

b) Die Konstruktion mit sss ist nur dann durchführbar, wenn keine Seite länger ist als die beiden anderen zusammen.

5

a) I) sws; II) sss; III) sSw;

b)

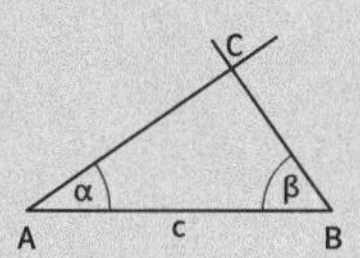

Der zugehörige Kongruenzsatz heißt wsw.

6

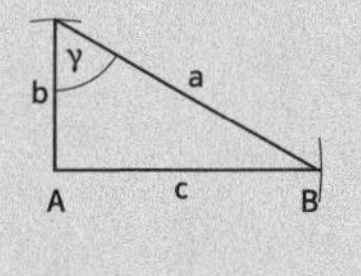

Konstruktionsbeschreibung: Zeichne $b = \overline{AC} = 2\,\text{cm}$. Trage in C an b den Winkel $\gamma = 60°$ an. Der Kreisbogen um A mit dem Radius $c = 3{,}5\,\text{cm}$ schneidet den freien Schenkel von γ in B.

7

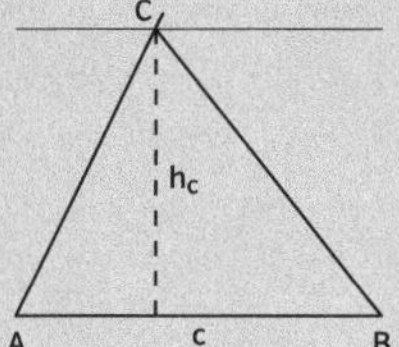

8

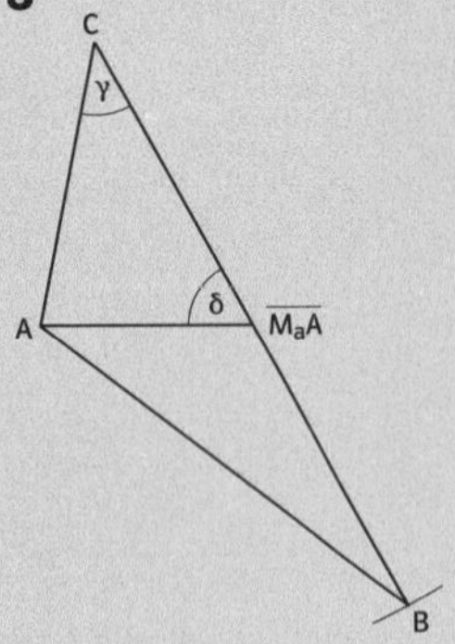

9

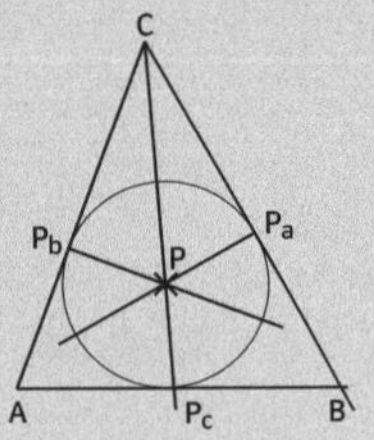

10

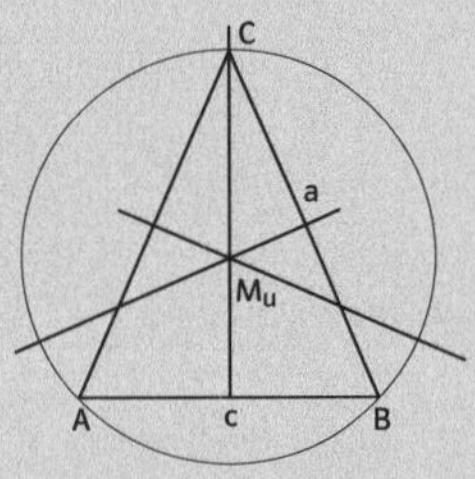

11

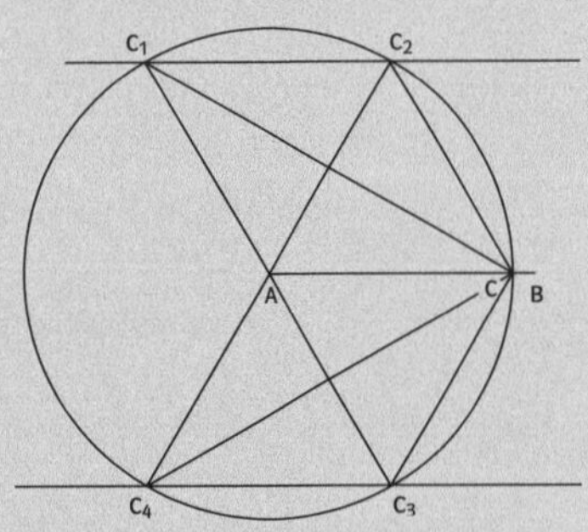

Die Dreiecke ABC_1 und ABC_4 sind zueinander kongruent, ebenso die Dreiecke ABC_2 und ABC_3.

12

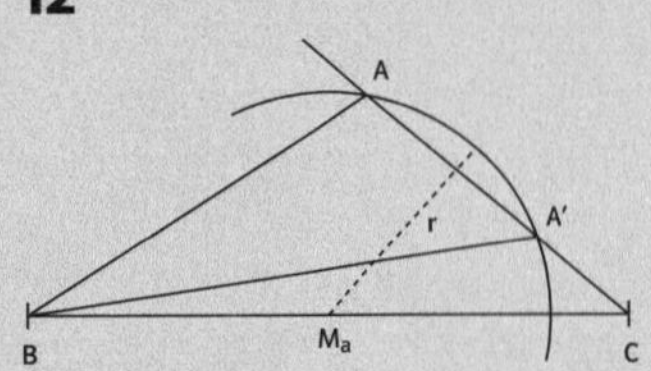

13

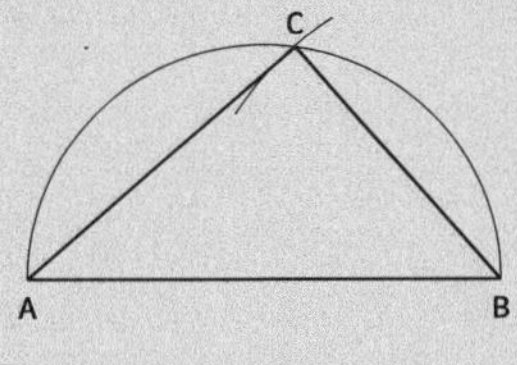

14

Es entstehen zwei Dreiecke.

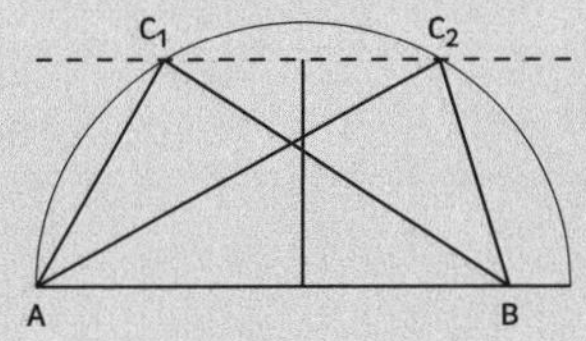

15

16

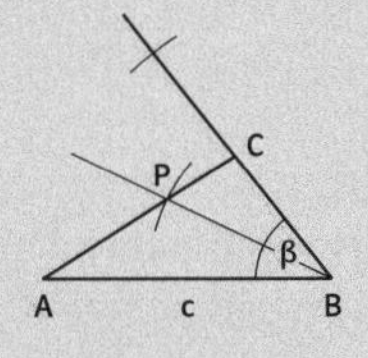

Ich zeichne die Strecke $\overline{AB}$ = c = 3,8 cm. In B an c trage ich den Winkel b = 52° an. Zu b konstruiere ich die Winkelhalbierende. Der Kreisbogen um B mit den Radius w_b = 2,4 cm schneidet die Winkelhalbierende in P. Die Verlängerung von $\overline{AP}$ schneidet den freien Schenkel von b in C.

17

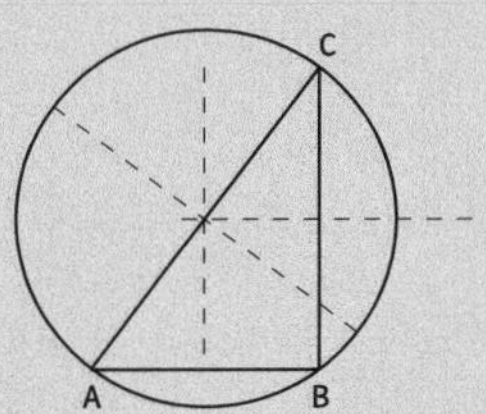

18

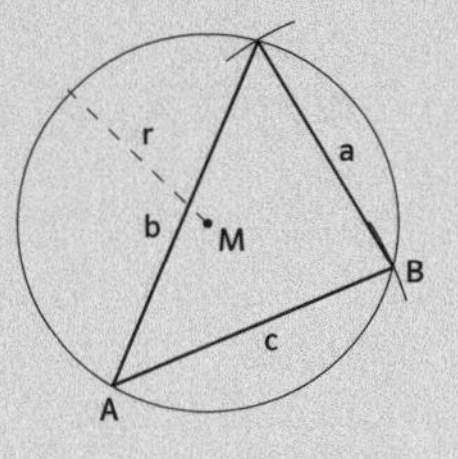

Ich zeichne den Umkreisradius mit r = 2,5 cm. Auf dem Kreisbogen wähle ich einen Punkt A. Der Kreisbogen um A mit dem Radius. c = 4 cm schneidet den Umkreis-kreisbogen in B. Der Kreis-bogen um B mit dem Radius a = 3,5 cm schneidet den Umkreiskreisbogen in C.

19

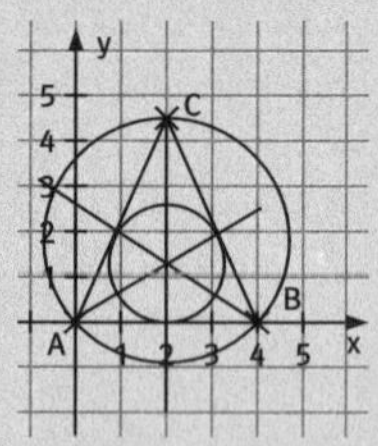

$M_i(2 | \approx 1{,}2) = M_u = S$

20

$\beta = 180° - 90° - 40° = 50°$; $\alpha_1 = 180° - (0{,}5 \cdot 90° + 0{,}5 \cdot 50°)$.
Die Schenkel des Winkels sind Winkelhalbierende der Winkel $\gamma = 90°$ und $\beta = 50°$, da sie sich im Inkreismittelpunkt treffen. $\alpha_2 = 180° - (0{,}5 \cdot 90° + 0{,}5 \cdot 40°)$; $\alpha_3 = 360° - 110° - 115° = 135°$;
Bei $\alpha_1 - \alpha_3$ handelt es sich um Mittelpunktswinkel eines Kreises. Diese ergeben zusammen 360°.

21

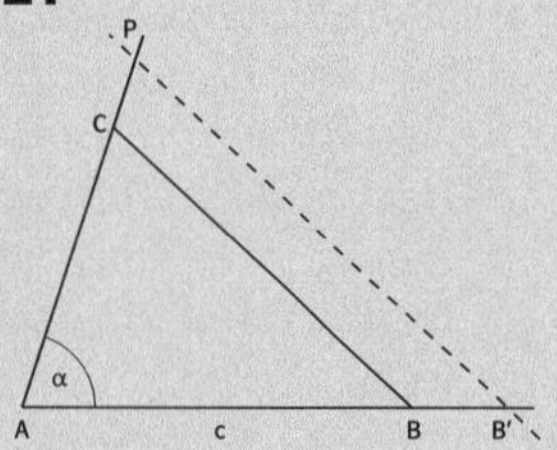

Konstruktionsbeschreibung: Ich zeichne $c = \overline{AB} = 3{,}2\,\text{cm}$.
In A an c trage ich $a = 72°$ an. Auf dem freien Schenkel von a wähle ich einen Punkt P. In P an $\overline{AP}$ trage ich $c = 65°$ an.
Der freie Schenkel von c schneidet die Verlängerung von $\overline{AB}$ in B'. Ich zeichne die Parallele zu $\overline{PB}$ durch B. Diese schneidet die Strecke $\overline{AP}$ in C.

22

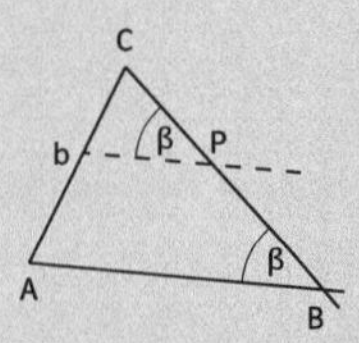

b)

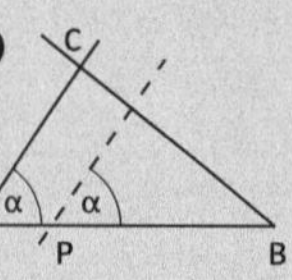

23

I = IV nach sws; II = V nach wsw; III = VI nach sss

24

a)

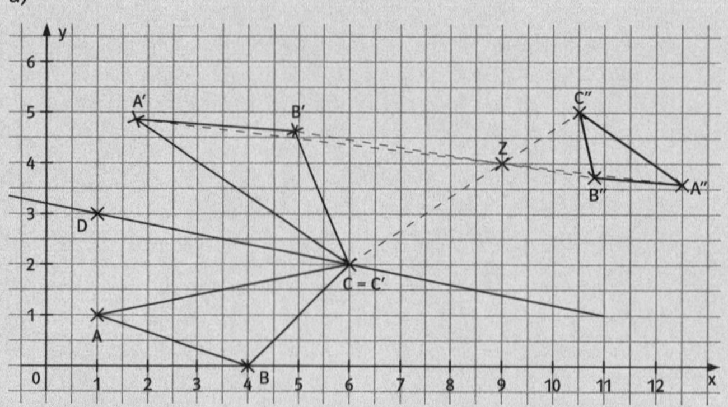

b) kongruent; c) ähnlich

4

a) Die längste Seite ist a. **b)** c ist die längste Seite und a und b sind gleich lang. **c)** Das Dreieck ist gleichseitig. **d)** Die Seite b ist die kürzeste.

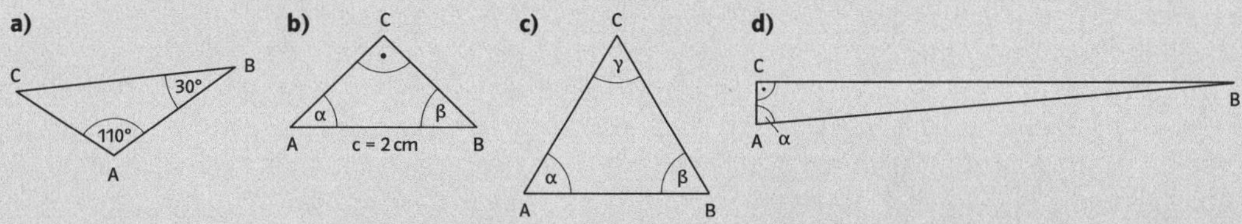

26

$A_I = \frac{1{,}5\,cm \cdot 2{,}2\,cm}{2} = 1{,}65\,cm^2$; das Dreieck ist gleichschenklig.

$A_{II} = \frac{1{,}5\,cm \cdot 1{,}5\,cm}{2} = 1{,}125\,cm^2$; das Dreieck ist rechtwinklig-gleichschenklig.

A_{III} nicht berechenbar, da die Höhenangabe fehlt; das Dreieck ist gleichseitig.

$A_{IV} = \frac{1{,}5\,cm \cdot 2{,}7\,cm}{2} = 2{,}025\,cm^2$; das Dreieck ist rechtwinklig.

27

a) $A = 12{,}33\,cm^2$; **b)** $A = 1{,}98\,dm^2$; **c)** $A = 924\,mm^2$

Vierecke

28

a) ein Drachenviereck; **b)** eine Raute – kein Quadrat; **c)** ein Trapez; **d)** ein symmetrisches Trapez

29

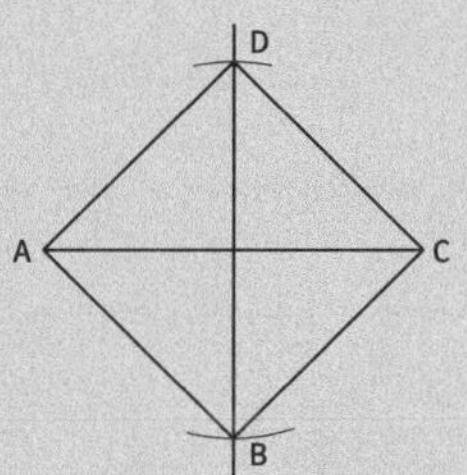

a) Konstruktionsbeschreibung: Ich zeichne $e = \overline{AC} = 2{,}5\,cm$ und den Mittelpunkt P dieser Strecke. In P errichte ich die Senkrechte
Der Kreisbogen um P mit dem Radius $\frac{1}{2} \cdot f = 1{,}25\,cm$ schneidet die Senkrechte in C und D. Ich verbinde anschließend die Punkte A, B, C, D miteinander.
b) Es entsteht ein Quadrat.

30

$A_I = 6{,}5\,cm^2$; $A_{II} = 5{,}25\,cm^2$; $A_{III} = 7{,}375\,cm^2$; $A_{II} < A_I < A_{III}$

31

$A_I = 1{,}5\,cm \cdot 2{,}5\,cm = 3{,}75\,cm^2$; $A_{II} = \frac{1\,cm + 2\,cm}{2} \cdot 2{,}5\,cm = 3{,}75\,cm^2$; $A_{III} = 1{,}5\,cm \cdot 2{,}5\,cm = 3{,}75\,cm^2$

32

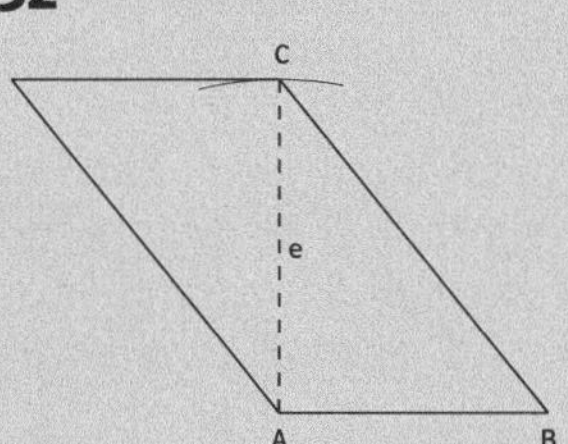

33

$A_I = 1{,}5\,cm \cdot 1{,}5\,cm = 2{,}25\,cm^2$; $A_{II} = 2\,cm \cdot 1{,}5\,cm = 3\,cm^2$;
$A_{III} = 3\,cm \cdot 1{,}5\,cm = 4{,}5\,cm^2$; $A_{IV} = 3\,cm \cdot 1{,}5\,cm = 4{,}5\,cm^2$;
$A_V = 12\,cm \cdot 1\,cm = 12\,cm^2$; $A_{VI} = \frac{2{,}5\,cm \cdot 1{,}5\,cm}{2} = 1{,}875\,cm^2$;
$A_{Gesamt} = 28{,}125\,cm^2$

34

a) I: $A = 8\,cm \cdot 2\,cm = 16\,cm^2$
II: $A = \frac{10\,cm + 6\,cm}{2} \cdot 2\,cm = 16\,cm^2$
III: $A = \frac{4\,cm \cdot 8\,cm}{2} = 16\,cm^2$

b) Das Quadrat hat eine Seitenlänge von $a = 4\,cm$.

35

a)

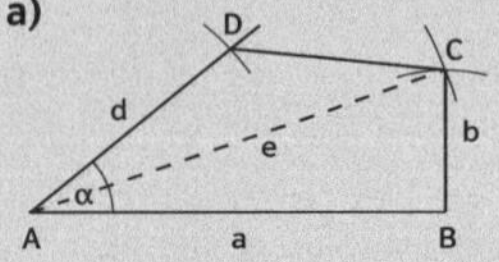

b) Das Dreieck ABC ist nach dem Kongruenzsatz sss eindeutig konstruiert, das Dreieck ABD nach dem Kongruenzsatz sws.

36

Skizze:

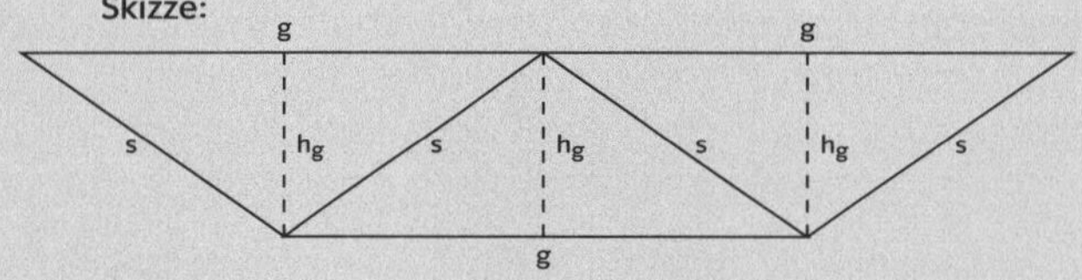

$A = \frac{2g+g}{2} \cdot h_g = \frac{24\,cm}{2} \cdot 3\,cm = 36\,cm^2$

37

Skizze siehe Aufgabe 36; richtig sind (1), (2) und (5).

38

$h = 0{,}5a = 0{,}5 \cdot 4c = 2c$; $A = \frac{4c+c}{2} \cdot 2c = 5c^2$

39

$19{,}8\,dm^2 = \frac{a+5a}{2} \cdot 2{,}2\,dm$; $19{,}8\,dm^2 = 6{,}6\,dm \cdot a$; $a = 3\,dm$; $c = 15\,dm$

40

$31\,dm^2 = \frac{3{,}1\,dm + 9{,}3\,dm}{2} \cdot h$; $h = 5\,dm$; $a = 3{,}1\,dm$

41

$A_I = \frac{4\,cm + 3\,cm}{2} \cdot 2{,}5\,cm = 8{,}75\,cm^2$ $A_{II} = \frac{2\,cm + 3\,cm}{2} \cdot 2{,}5\,cm = 6{,}25\,cm^2$
$A_{III} = \frac{5\,cm + 2\,cm}{2} \cdot 2{,}5\,cm = 8{,}75\,cm^2$ $A_{IV} = \frac{5\,cm + 1\,cm}{2} \cdot 2{,}5\,cm = 7{,}5\,cm^2$

42

a) $m = 5\,cm$, $h = 3\,cm$; **b)** $c = 2{,}5\,cm$, $h = 2{,}5\,cm$; **c)** $A = 6\,dm^2$, $m = 15\,cm$;
d) $A = 76{,}8\,dm^2$, $a = 8\,dm$; **e)** $c = 9{,}6\,m$, $h = 0{,}3\,m$

Flächeninhalte und Umfänge

43

a) $A = \frac{5{,}3\,\text{cm} + 2{,}5\,\text{cm}}{2} \cdot 2{,}1\,\text{cm} = 8{,}19\,\text{cm}^2$ oder $A = 11{,}13\,\text{cm}^2 - 2{,}94\,\text{cm}^2 = 8{,}19\,\text{cm}^2$;

b) $A = \frac{3\,\text{dm} \cdot 4\,\text{cm}}{2} = 6\,\text{dm}^2$; $2 \cdot \frac{1{,}2\,\text{dm} \cdot 1{,}5\,\text{dm}}{2} = 1{,}8\,\text{dm}^2$; $6\,\text{dm}^2 - 1{,}8\,\text{dm}^2 = 4{,}2\,\text{dm}^2$

44

a) U = 10,7 cm; **b)** U = 6,4 cm; **c)** U = 11,2 cm; **d)** U = 7,6 cm; **e)** U = 14,2 cm; **f)** U = 3,6 cm; **g)** U = 17,2 cm; **h)** U = 18,3 cm

45

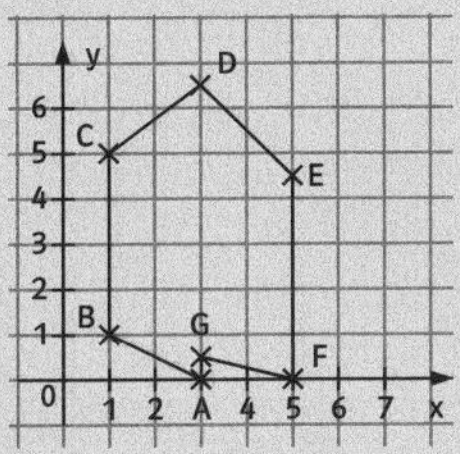

$A_{ABCD} = \frac{4\,\text{cm} + 6{,}5\,\text{cm}}{2} \cdot 2\,\text{cm} = 10{,}5\,\text{cm}^2$;

$A_{DEFG} = \frac{4{,}5\,\text{cm} + 6\,\text{cm}}{2} \cdot 2\,\text{cm} = 10{,}5\,\text{cm}^2$;

$A = 21{,}0\,\text{cm}^2$

46

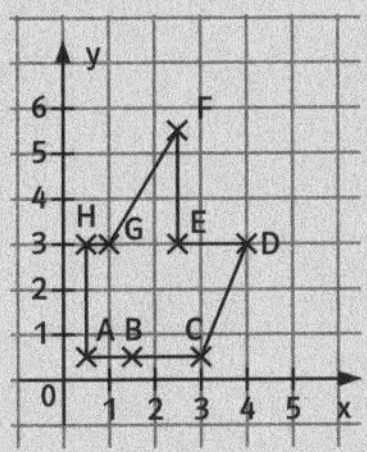

$A_{ABEH} = \frac{1\,\text{cm} + 2\,\text{cm}}{2} \cdot 2{,}5\,\text{cm} = 3{,}75\,\text{cm}^2$;

$A_{BCDE} = 1{,}5\,\text{cm} \cdot 2{,}5\,\text{cm} = 3{,}75\,\text{cm}^2$;

$A_{EFG} = \frac{1{,}5\,\text{cm} \cdot 2{,}5\,\text{cm}}{2} = 1{,}875\,\text{cm}^2$;

$A_{gesamt} = 9{,}375\,\text{cm}^2$

Maße schätzen

47

a) In und um die Fläche wird ein Rechteck mit $a = 6{,}5\,\text{cm}$ und $b = 2\,\text{cm}$ gezeichnet, das ungefähr die Fläche abdeckt. $A = 13\,\text{cm}^2$, $U = 17\,\text{cm}$; **b)** In und um die Fläche wird ein Quadrat mit $a = 3{,}9\,\text{cm}$ gelegt, das ungefähr die Fläche abdeckt. $A = 15{,}21\,\text{cm}^2$, $U = 15{,}6\,\text{cm}$.

Oder: In und um die Fläche wird ein Kreis mit $r = 2{,}2\,\text{cm}$ gelegt, der ungefähr die Fläche abdeckt. $A = 15{,}2\,\text{cm}^2$, $U = 13{,}8\,\text{cm}$.

zu a)

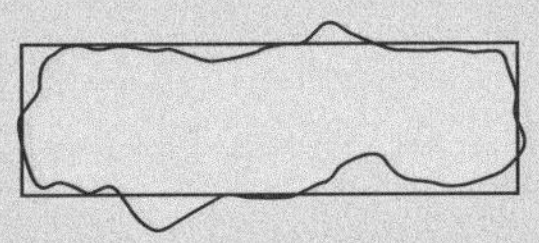

zu b)

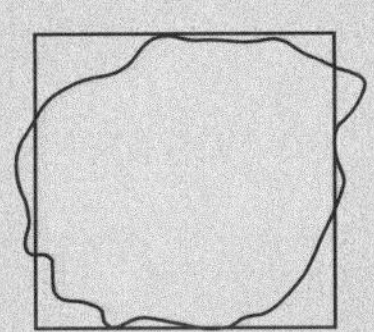

oder

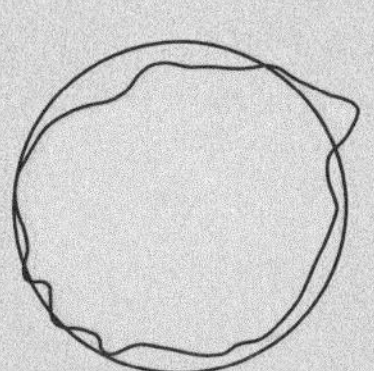

48

a) U = 34 cm; **b)** U = 26 cm; **c)** U = 24 cm; **d)** U = 28 cm

49

Ein Deck könnte Zimmerhöhe haben, also ca. 2,5 m. 12 Decks sind zu sehen, also ca. 30 m ragen aus dem Wasser. Gut 30 % von 30 m sind 9 – 10 m, die unter Wasser sind. Also hat das Schiff eine Höhe von ca. 40 m.

50

Eine Luftmatratze hat die geschätzte Größe von $2\,m \cdot 1\,m$, also $2\,m^2$. Der Teich ist ca. 10 Mal so lang wie die Luftmatratze breit ist und ca. 3 Mal so breit wie die Luftmatratze lang ist.
Der Teich hat eine geschätzte Größe von $30\,m^2$.

Anwendungsaufgaben

1

a) $V = G \cdot h = \frac{3\,cm \cdot 4{,}5\,cm}{2} \cdot 6\,cm$. Das Volumen beträgt $40{,}5\,cm^3$. **b)** Die Volumina sind gleich.
c) Das Volumen wird 27 Mal so groß.

2

$G = 20{,}64\,cm^2 + 4{,}32\,cm^2 = 24{,}96\,cm^2$;
$V = G \cdot h = 24{,}96\,cm^2 \cdot 4{,}8\,cm = 119{,}808\,cm^3$. Das Volumen beträgt $119{,}808\,cm^3$.

3

a) $O = 6a^2 = 96\,cm^2$. Der Oberflächeninhalt des Würfels beträgt $96\,cm^2$.
b) $O = 6a^2 = 384\,cm^2 = 96\,cm^2 \cdot 4$. Der Oberflächeninhalt vervierfacht sich.

4

a) $O = 2 \cdot 2{,}7\,cm \cdot 3{,}6\,cm + 2 \cdot 3{,}6\,cm \cdot 4{,}2\,cm + 2 \cdot 2{,}7\,cm \cdot 4{,}2\,cm = 72{,}36\,cm^2$. Der Oberflächeninhalt beträgt $72{,}36\,cm^2$.
b) $a = 0{,}9\,cm$, $b = 1{,}2\,cm$, $c = 12{,}6\,cm$; $O = 2 \cdot 0{,}9\,cm \cdot 1{,}2\,cm + 2 \cdot 0{,}9\,m \cdot 12{,}6\,cm + 2 \cdot 1{,}2\,cm \cdot 12{,}6\,cm = 55{,}08\,cm^2$. Der Oberflächeninhalt beträgt $55{,}08\,cm^2$. Diese Oberfläche ist ca. 24 % kleiner als die des Quaders aus a).

5

$G = A_{Dreieck} + A_{Halbkreis} = 15{,}82\,cm^2$; $V = 132{,}87\,cm^3$;
$O = 2G + M$; $M = (U_{Halbkreis} + 3\,cm + 4\,cm) \cdot 8{,}4\,cm = 124{,}74\,cm^2$;
$O = 31{,}64\,cm^2 + 124{,}74\,cm^2 = 156{,}38\,cm^2$

6

a) $G = 2{,}2\,cm \cdot 1{,}4\,cm + \pi \cdot (0{,}55\,cm)^2 = 4{,}03\,cm^2$; $V = 4{,}03\,cm^2 \cdot 3{,}12\,cm = 12{,}57\,cm^3$;
b) $G = \frac{5{,}2\,cm + 3{,}6\,cm}{2} \cdot 3{,}1\,cm + \frac{1}{2}\pi(2{,}6\,cm)^2 + \frac{1}{2}\pi(1{,}8\,cm)^2 = 29{,}35\,cm^2$; $V = 143{,}82\,cm^3$

7

$V = a \cdot b \cdot \frac{a}{2} + a \cdot \frac{b}{3} \cdot \frac{a}{2} = \frac{2a^2b}{3}$

8

a) $64\,cm^3 = 4\,cm \cdot 8\,cm \cdot x$; $x = 2\,cm$; Der Quader ist 2 cm hoch. **b)** $64\,cm^3 = 4\,cm \cdot 4\,cm \cdot x$; $x = 4\,cm$;
c) Es handelt sich um einen Würfel.

9

a) $O_{Würfel} = 6 \cdot (4\,cm)^2 = 96\,cm^2$; **b)** $O_{Quader} = 2 \cdot 4\,cm \cdot 8\,cm + 2 \cdot 4\,cm \cdot 2\,cm + 2 \cdot 8\,cm \cdot 2\,cm = 112\,cm^2$. Der Quader hat eine größere Oberfläche als der Würfel, obwohl beide Körper das gleiche Volumen haben.

10

a) $V = 40{,}18\,cm^3$, $G = 11{,}48\,cm^2$; **b)** $b = 1\,m$, $G = 31{,}2\,m^2$; **c)** $b = 5\,dm$, $V = 37{,}8\,dm^3$

11

a) $G = 12\,m^2$, $M = 28\,m^2$, $O = 52\,m^3$; **b)** $b = 2\,cm$, $G = 9{,}8\,cm^2$, $O = 47{,}2\,cm^2$;
c) $b = 7{,}1\,dm$, $c = 3{,}2\,dm$, $O = 86{,}64\,dm^2$

12

a) ja; **b)** ja; **c)** nein; **d)** nein; **e)** ja; **f)** ja

13

a)

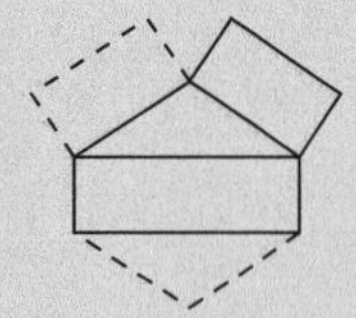

b)

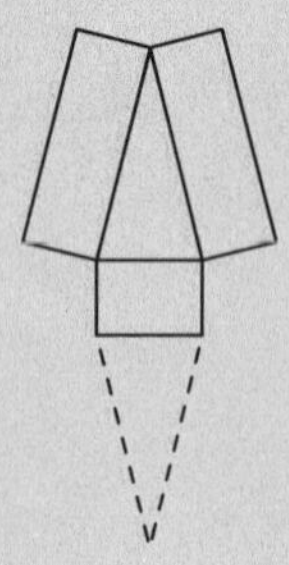

c)

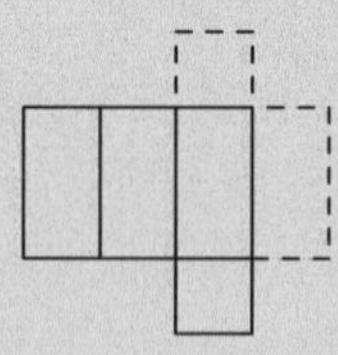

oder

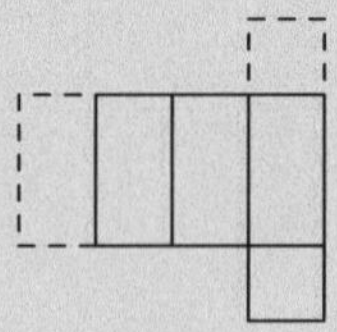

14

a)

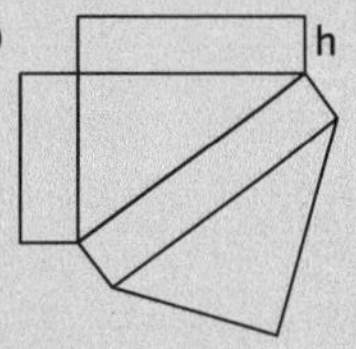

b)

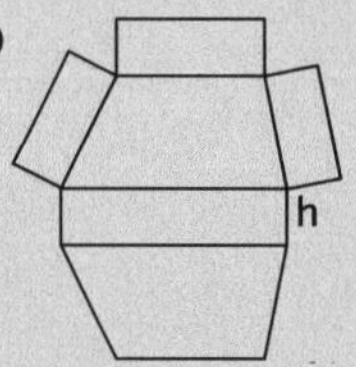

15

a)

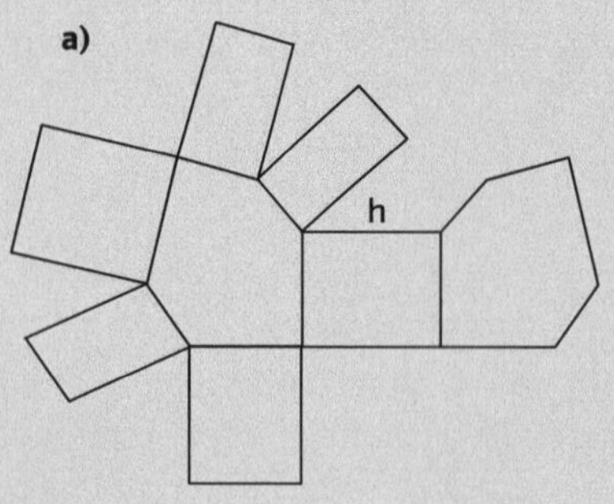

b)

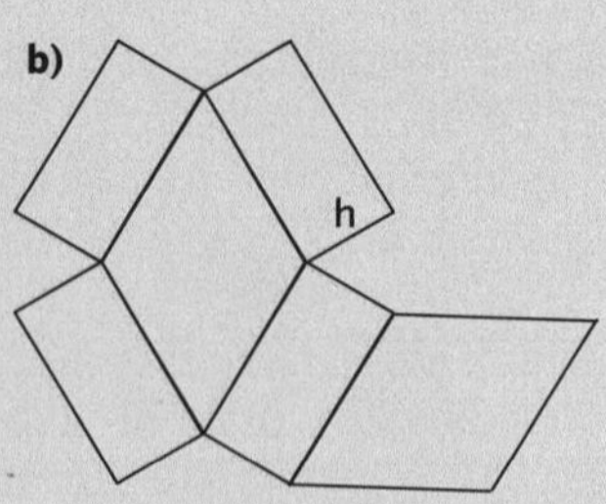

16

a) $G = \frac{e \cdot f}{2} = \frac{1{,}8\,\text{dm} \cdot 4{,}2\,\text{dm}}{2} = 3{,}78\,\text{dm}^2$; $V = 3{,}78\,\text{dm}^2 \cdot 3{,}5\,\text{dm} = 13{,}23\,\text{dm}^3$;
b) $O = 2G + M$; $M = 4 \cdot 2{,}2\,\text{dm} \cdot 10{,}5\,\text{dm} = 92{,}4\,\text{dm}^2$; $O = 7{,}56\,\text{dm}^2 + 92{,}4\,\text{dm}^2 = 99{,}96\,\text{dm}^2$

17

$G = \frac{15\,\text{cm} + 25\,\text{cm}}{2} \cdot 12\,\text{cm} = 240\,\text{cm}^2$; $V = 240\,\text{cm}^2 \cdot 35\,\text{cm} = 8\,400\,\text{cm}^3$. Die Grundfläche ist ein Trapez.

18

$G = \frac{2\,\text{cm} \cdot 1{,}5\,\text{cm}}{2} + 1\,\text{cm} \cdot 3{,}5\,\text{cm} + 2 \cdot \frac{3\,\text{cm} \cdot 1{,}5\,\text{cm}}{2} + 2 \cdot \frac{2\,\text{cm} \cdot 1\,\text{cm}}{2}$
$= 1{,}5\,\text{cm}^2 + 3{,}5\,\text{cm}^2 + 4{,}5\,\text{cm}^2 + 2\,\text{cm}^2 = 11{,}5\,\text{cm}^2$; $V = 69\,\text{cm}^3$

19

$G = 2{,}5\,\text{cm} \cdot 1{,}5\,\text{cm} + 4{,}5\,\text{cm} \cdot 1\,\text{cm} + 2{,}5\,\text{cm} \cdot 0{,}5\,\text{cm} + 6{,}5\,\text{cm} \cdot 1\,\text{cm} + 0{,}5\,\text{cm} \cdot 2{,}5\,\text{cm} + 4{,}5\,\text{cm} \cdot 1\,\text{cm} + 2{,}5\,\text{cm} \cdot 0{,}5\,\text{cm} = 23\,\text{cm}^2$;
$V = 27{,}6\,\text{cm}^3$

Mein Erfolgstrainer

- übersichtliche Lerneinheiten mit Zeitplanung
- Besser in 1 Tag, in 1 Woche, in 1 Monat

Mein Erfolgstrainer
Rechtschreibung 5./6. Klasse
ISBN 978-3-12-927133-9

Mein Erfolgstrainer
Aufsatz 5./6. Klasse
ISBN 978-3-12-927139-1

Mein Erfolgstrainer
Rechtschreibung 7./8. Klasse
ISBN 978-3-12-927134-1

Mein Erfolgstrainer
Grammatik 5./6. Klasse
ISBN 978-3-12-927143-0

Mein Erfolgstrainer
Grammatik 7./8. Klasse
ISBN 978-3-12-927144-9

Diese und weitere Klett-Lernhilfen sind im Buchhandel erhältlich.

200 Übungen wie in der Schule

Topfit in die nächste Klassenarbeit!

- 200 speziell ausgesuchte Übungen machen dich zum Profi
- Merkkästen und ausführlich erklärte Lösungen helfen dir, erfolgreich zu sein

Deutsch

200 Diktate wie in der Schule
Deutsch 5. – 10. Klasse
ISBN 978-3-12-927194-0

200 Aufsatzübungen
wie in der Schule
Deutsch 5. – 10. Klasse
ISBN 978-3-12-927218-3

Mathematik

200 Textaufgaben
wie in der Schule
Mathematik 5. – 10. Klasse
ISBN 978-3-12-927217-6

Foto: © foto.fritz – Fotolia.com

Diese und weitere Klett-Lernhilfen sind im Buchhandel erhältlich.
Weitere Informationen unter **www.klett.de/lernhilfen**